Sou péssimo em
MATEMÁTICA

Rafael Procopio

Sou péssimo em MATEMÁTICA

COMO DESVENDAR OS MISTÉRIOS DOS NÚMEROS COM HISTÓRIAS FASCINANTES E DICAS INFALÍVEIS

Rio de Janeiro, 2023

Copyright © 2019 por Rafael Procopio

Todos os direitos desta publicação são reservados à Casa dos Livros Editora LTDA.

Nenhuma parte desta obra pode ser apropriada e estocada em sistema de banco de dados ou processo similar, em qualquer forma ou meio, seja eletrônico, de fotocópia, gravação etc., sem a permissão do detentor do copyright, com exceção do teor das questões da prova do Enem, que, por serem atos oficiais, não são protegidas como direitos autorais, na forma do Artigo 8º, IV, da Lei 9.610/1998.

Diretora editorial
Raquel Cozer

Gerente editorial
Renata Sturm

Editora
Diana Szylit

Copidesque
Fabiana Medina

Revisão
Hosana Zotelli
Daniela Georgeto

Capa, projeto gráfico
e diagramação
Anderson Junqueira

Fotos do autor
Paulo Sallorenzo

Os pontos de vista desta obra são de responsabilidade de seu autor, não refletindo necessariamente a posição da HarperCollins Brasil, da HarperCollins Publishers ou de sua equipe editorial.

DADOS INTERNACIONAIS DE CATALOGAÇÃO NA PUBLICAÇÃO (CIP)
ANGÉLICA ILACQUA CRB-8/7057

P956s

    Procopio, Rafael
       Sou péssimo em matemática : como desvendar os mistérios dos números com histórias fascinantes e dicas infalíveis / Rafael Procopio. — Rio de Janeiro : HarperCollins Brasil, 2019.
       160 p.

    ISBN 978-85-9508-603-6

       1. Matemática 2. Matemática - Ensino e aprendizagem
I. Título.

19-1394
             CDD 510
             CDU 51

HarperCollins Brasil é uma marca licenciada à Casa dos Livros Editora LTDA.

Todos os direitos reservados à Casa dos Livros Editora LTDA.

Rua da Quitanda, 86, sala 601A — Centro

Rio de Janeiro, RJ — CEP 20091-005

Tel.: (21) 3175-1030

www.harpercollins.com.br

Dedico esta obra ao meu avô paterno, Adalberto Procopio (in memoriam), que sempre gostou de escrever e tinha um cuidado lindo com sua caligrafia; e também ao meu avô materno, Edvaldo Rodrigues, Seu Didi (in memoriam), que, enquanto foi jornaleiro, ao longo da minha infância, trouxe cultura e ciência para a minha vida.

SUMÁRIO

PREFÁCIO
9

APRESENTAÇÃO
11

INTRODUÇÃO
13

SOBRE CARLOS FREDERICO
16

1) SISTEMAS DE NUMERAÇÃO
21

2) TABUADAS DE MULTIPLICAÇÃO
35

3) ADIÇÃO E SUBTRAÇÃO
52

4) MULTIPLICAÇÃO
64

5) DIVISÃO
84

6) POTENCIAÇÃO
111

7) RADICIAÇÃO
133

AGORA É COM VOCÊ!
153

AGRADECIMENTOS
154

LEIA MAIS
156

PREFÁCIO
Rogério Martins
MATEMÁTICO

Já aconteceu de você abrir um livro de matemática e achar que entende pouco ou mesmo nada? Como se não estivesse sequer escrito em português? Já pensou em como seria bom se a matemática fosse explicada com uma linguagem fácil de entender, parecida com aquela que a sua avó usava quando contava histórias na sua infância?

Pois aqui está o livro com que você sonhou!

Um dos problemas da matemática (são muitos!) é que, por alguma razão, criou-se a ideia de que falar dela exige um ar sério e uma linguagem sofisticada. Nada mais errado, como podemos ver neste livro do professor Rafael Procopio. Ele mostra que a matemática não tem de ser aquela coisa impenetrável e maçante: podemos falar dela de uma maneira informal e envolvente.

Foi com mérito que a matemática ganhou a reputação de Rainha das Ciências. Para além de ser uma das maiores construções da cultura humana, conseguiu feitos notáveis: é a matemática que nos permite gerir o dinheiro, de forma a fazê-lo chegar ao fim do mês, é ela que nos permite saber se vai chover amanhã e – imagine! – alguns planetas foram descobertos apenas com cálculos. Não foi preciso sequer de um telescópio! Infelizmente, isso criou a ideia de que a matemática é uma coisa reservada para especialistas e acadêmicos, que a discutem do alto das suas cátedras, numa linguagem inacessível e em locais supostamente restritos. Como se a conversa de café não pudesse incluir matemática...

O professor Einstein dizia que, se você não consegue explicar algo de forma simples, é porque não entendeu suficientemente bem. Então, por que complicar? Estou certo de que Einstein con-

Rafael Procopio ‹ **9**

cordaria comigo quando digo que o professor Procopio entendeu muito bem essa coisa da matemática; caso contrário, não a poderia ter explicado desta forma tão acessível.

A matemática tem uma natureza abstrata, e é isso que a torna poderosa. Por exemplo, quando contamos: um, dois três... Isso serve para contar reais, mas também serve para contar laranjas, diamantes ou estrelas. Este é o poder da matemática: a ideia abstrata de número – precisamente por ser tão abstrata – pode depois ser aplicada a qualquer coisa. Nós, humanos, não somos muito bons com abstração, mas somos muito bons com histórias. E esse é o grande mérito deste livro, que nos conta a matemática através de histórias.

Enquanto aprendemos sobre aritmética e conhecemos alguns truques para fazer contas com agilidade, vemos como Carlos Frederico deixa todo aquele pessoal do seu bairro, na Zona Oeste do Rio de Janeiro, deslumbrado com seus truques aritméticos e como impressionou uma garota na escola com uma raiz quadrada. Tabuada, divisão com casas decimais, potências, nada vai ficar de fora. Para terminar, o professor Procopio ainda nos mostra como tirar partido da exponencial para fazer as nossas economias renderem!

E aí?! Vem conhecer essa tal de aritmética!

APRESENTAÇÃO
Marcos Castro
COMEDIANTE E MATEMÁTICO, CRIADOR DO
CANAL DO YOUTUBE CASTRO BROTHERS

Seja bem-vindo a este livro, meu caro herói. Sim, não estou exagerando: você é um herói! Em sua essência, heróis lutam para combater injustiças. E você, ao dar uma chance à matemática, está combatendo uma das maiores injustiças deste mundo: a ideia de que essa matéria é chata e não é para qualquer um.

Que fique bem claro desde já: *a matemática é para todos*. Para mim, para você e até para quem já tem barba na cara e, mesmo assim, conta nos dedos quanto vale dois mais dois. A matemática é a mãe de todas as ciências, mas é muitas vezes tratada como a madrasta malvada dos contos de fadas. E já digo de cara: o preconceito começa desde cedo, desde a infância. Quando uma criança faz besteira, a mãe logo fala: "*eu vou contar até três*". E, se ela fala que vai contar, é porque boa coisa não vem por aí. Sempre que a minha mãe chegava no três, eu ficava de castigo. Ou seja, eu e todas as crianças que passaram por isso já criamos uma falsa associação de que a matemática é um castigo.

A matemática está em todos os lugares. Está na órbita dos planetas, nas correntezas e até mesmo no arquivo MP3 que você só conseguiu baixar a tempo porque um cientista conseguiu compactar usando a matemática. Todo dia nós a observamos na nossa vida, só não a reconhecemos. Nosso cérebro é capaz de enxergar intuitivamente vários padrões matemáticos no ambiente ao nosso redor e associá-los a algo belo. Quando alguma coisa está fora desse padrão, ficamos de certa forma incomodados. É igual com nossa audição: mesmo sem conhecimento teórico musical, somos capazes de dizer se uma canção – um

Rafael Procopio ‹ **11**

conjunto de sons ordenados e regidos por padrões matemáticos – é agradável ou não aos nossos ouvidos. Ou seja: *nós fomos feitos para gostar de matemática.*

A pergunta que fica no ar é: se somos seres naturalmente matemáticos, por que no meio do processo deixamos de gostar dessa ciência tão bela? Será que somos convencidos de que a matemática é complicada simplesmente porque nossos pais a achavam complicada? E eles, por sua vez, passaram pela mesma coisa com nossos avós? Será que nós não estamos apenas perpetuando um estigma? Será que nós realmente temos dificuldade, ou somos apenas ensinados a acreditar que é difícil, sem que tenhamos a possibilidade de dar uma chance à Rainha das Ciências? Esse é o x da questão, mas não precisa ter medo!

Como todo herói, você precisará de armas para atingir o seu objetivo. A matemática será como uma espada para você derrotar os problemas que aparecerão à sua frente, não importa quão complexos eles sejam (até porque você pode usar a espada para picotar os problemas em problemas menores, e aí você consegue resolvê-los um a um). E, para ajudar nessa missão, este livro será o seu escudo. Pintou uma dúvida? Se sentiu inseguro? Os números parecem mais perigosos do que realmente são? Não se preocupe. Está tudo explicado de forma simples e didática. Não tenha medo, este livro foi feito para você.

Aproveite cada página: o Rafael Procopio escreveu todos os capítulos com muito carinho e qualidade. Não poderia ser diferente, afinal ele é um grande professor. Vamos juntos com ele quebrar esse ciclo vicioso e transformar a *má*temática numa *boa*temática (desculpa, não resisti ao trocadilho)!

Boa leitura!

INTRODUÇÃO

Se a proposição abaixo – a famosa Fórmula de Bhaskara – lhe causa calafrios e o deixa de cabelo em pé, provavelmente você desenvolveu algum bloqueio e se considera péssimo em matemática.

Seja $ax^2 + bx + c = 0$; $a \in R^*$ $(a \neq 0)$ uma equação quadrática com coeficientes reais a, b e c, e incógnita x. O valor de x pode ser obtido pela expressão:

$$x = \frac{-b \pm \sqrt{b^2 - 4ac}}{2a}$$

Muita gente não compreende o uso de tal expressão algébrica nem vê sentido em realizar tantos cálculos que parecem não ter conexão com a vida real. A beleza da expressão algébrica e de sua dedução lógica, que permeia toda a história da Rainha das Ciências, como também é conhecida a matemática, se perde no mar das "decorebas" e dessa suposta falta de sentido. Para muitos, parece que as fórmulas, as figuras geométricas e os números sempre existiram, nasceram do nada. É preciso entender que a matemática como a conhecemos hoje é fruto da aventura da curiosidade humana, desenvolvida e aperfeiçoada através de milênios.

Uma pergunta muito recorrente é se a matemática foi descoberta ou criada. No meu ponto de vista, um pouco dos dois. Pode-se dizer que foi descoberta a partir do momento em que os seres humanos, curiosos que são, passaram a observar os padrões à sua volta. Para dominar o mundo, foi necessário entendê-lo, então o homem primitivo teve de compreender a passagem do tempo, quantificar o estoque de alimentos e desenvolver ferramentas para facilitar seu dia a dia. Porém, para representá-la melhor, o homem também precisou estabelecer toda uma

Rafael Procopio ‹ **13**

simbologia. O conceito abstrato de número passou a ser mais bem entendido com a criação dos algarismos; a simbologia para representar operações aritméticas, equações, funções e diversos outros campos também precisou ser criada. Então, a matemática é, ao mesmo tempo, criada e descoberta.

Agora responda a esta pergunta rapidamente: quando você pensa na palavra "matemática", o que vem à sua mente?

Não posso ter certeza da sua resposta, mas posso conjecturar. Acho provável que você tenha pensado em números e em operações, como adição, subtração, multiplicação e divisão. Estou certo? Se você pensou em geometria ou em álgebra, beleza. A geometria cuida, no geral, das formas das coisas; estudam-se, por exemplo, figuras como triângulos, quadriláteros e suas propriedades. Já a álgebra se ocupa de traduzir as ideias matemáticas em fórmulas. Por meio da álgebra podemos, por exemplo, escrever o Teorema de Pitágoras como $a^2 + b^2 = c^2$, em vez de descrever "num triângulo retângulo, a soma dos quadrados dos catetos (a e b) é igual ao quadrado da hipotenusa (c)".

Ambas, tanto a geometria como a álgebra, fazem parte da matemática. Mas aposto que a maioria, na pergunta anterior, pensou em números. A parte da matemática que lida com os números e suas propriedades é a aritmética, aquela mesma que o Professor Girafales, constantemente interrompido pela turma do Chaves, nunca conseguiu explicar ("Então dizia eu que a aritmética...").

Como há muitas dúvidas em relação aos números e suas operações, neste livro decidi abordar especificamente a aritmética. Não que ela seja a área mais importante da matemática e supere a geometria e a álgebra (igualmente importantes e interessantes), mas porque a aritmética se faz mais presente no nosso cotidiano e, com ela, é possível fazer conexões interessantíssimas com os mais diversos ramos da matemática. Afinal, já dizia Carl Friedrich Gauss, um dos matemáticos mais importantes da história da humanidade: "A matemática é a rainha das ciências, e a aritmética é a rainha da matemática".

Esta obra é para quem odeia ou se considera péssimo em matemática, mas também para quem ama essa matéria. Quem odeia encontrará motivos para superar esse sentimento; quem ama a amará ainda mais, conhecendo-a por outra perspectiva. Quero que você acredite que pode, sim, avançar nos estudos da Rainha das Ciências, aprender, entender e até mesmo se apaixonar por ela, abandonando as crenças limitadoras que o impedem de tentar, por conta própria, aprender algo novo. Libertar-se dessas amarras é um grande passo para progredir e aprender.

Recomendo que a leitura deste livro seja feita na ordem linear, uma vez que, a cada capítulo, construiremos as bases necessárias para o bom entendimento das operações aritméticas. Para apresentar os assuntos, contarei um causo de Carlos Frederico, personagem criado para este livro que vai aos poucos descobrindo os encantos da melhor matéria de todas (claro, a matemática!). Após a historinha, explico, tim-tim por tim-tim, como as coisas funcionam, com alguma teoria, mostro os erros comuns e dou diversas dicas que vão ajudar você a detonar nos cálculos, tanto manuais como mentais, e aumentar seu rendimento. Ao final de cada capítulo, trago algumas aplicações práticas dos conteúdos estudados, um desafio extraído da prova do Enem, o nosso Exame Nacional do Ensino Médio, e um espaço para que você faça anotações durante a leitura (se preferir usar um caderno, já deixe separado!). No meu canal do YouTube, o Matemática Rio, você encontrará a explicação de todos os desafios. Para isso, basta inserir na busca o título do vídeo indicado junto ao gabarito de cada exercício ou mesmo o início de cada enunciado.

Que esta obra seja uma fonte de inspiração para que você se sinta motivado a estudar e adquirir conhecimento – só ele pode melhorar a nossa vida e a dos outros à nossa volta.

Encante-se pelo mundo dos números e boa leitura!

PROF. RAFAEL PROCOPIO

SOBRE CARLOS FREDERICO

Carlos Frederico é um menino divertido, arteiro que só ele. Seus 12 anos de idade lhe conferem uma energia sem fim. É como se Carlos Frederico tivesse o tal moto-contínuo da física (ou aquilo que alguns pais chamam de bateria infinita). Essa característica também lhe atribui uma atenção cirúrgica aos detalhes que o cercam. Também é o rei das analogias criativas que surpreendem a todos.

Certa vez, numa segunda-feira, Carlos Frederico enfrentava dificuldades para acordar às 5 horas da manhã e ir à escola. Ele nunca entendeu por que tinha de interromper seu sono na melhor parte. Queria que a aula começasse às 10 horas, não às 7. Finalmente abriu os olhos, pulou da cama e seguiu rumo à escola pública onde estudava. Ao abrir a porta de casa, a sonolência e o costume do cenário corriqueiro o fizeram ignorar o ponto de venda de drogas em frente ao seu apartamento num conjunto habitacional popular da zona oeste do Rio de Janeiro, na comunidade conhecida como Fumacê. Chegou ao ponto de ônibus, fez sinal para o coletivo que se aproximava, mas o veículo não parou. E de novo. E de novo... Até que um motorista de boa alma parou ao seu sinal, e Carlos embarcou no ônibus lotado. O assunto do dia na aula de matemática do 7º ano seria adição e subtração de frações com denominadores distintos.

Por mais recursos que a professora Sophia utilizasse, era difícil fazer com que os alunos absorvessem e fixassem definitivamente o conteúdo. Em geral, a turma era bagunceira e não prestava muita atenção às aulas. Carlos Frederico, porém, curioso que era, se interessava em aprender mais sobre o mundo e tentou ao máximo entender as operações de soma e subtração de frações.

Na volta para casa, chateado por mais três ônibus não pararem ao seu sinal, Carlos Frederico decidiu caminhar. Era um trajeto de dois quilômetros, que ele calculara que levaria uns trinta minutos com a mochila pesada nas costas. Ao passar pela praça próxima à escola, uma borboleta azul reluzente chamou sua atenção. O garoto parou por alguns segundos e observou com encantamento o voo daquele inseto tão bonito.

E, do nada, tudo fez sentido.

Ele jogou a mochila no chão, abriu o caderno e pôs-se a desenhar. Conseguia aprender melhor quando fazia analogias malucas, e desta vez não seria diferente. Sophia havia explicado que, para somar ou subtrair frações, era necessário que os denominadores (aqueles números que ficam abaixo do traço da fração) fossem iguais; para isso, deveria haver um múltiplo comum entre eles. Um dos múltiplos comuns poderia ser o menor de todos, chamado de mínimo múltiplo comum, ou MMC. Encontrado o MMC, que seria o valor do novo denominador, o objetivo era encontrar frações equivalentes às anteriores, de modo que agora era necessário encontrar um novo numerador (aquele número que fica acima do traço da fração). Ela fez um esquema com setas, indicando quem deveria multiplicar com quem para gerar essas frações equivalentes, uma forma que daria a resposta certa, mas que os estudantes poderiam ter dificuldade em entender. Ao observar a borboleta, Carlos Frederico teve uma epifania.

Ao relacionar o esquema de Sophia com o desenho do contorno de uma borboleta, criou o "Método Carlos Frederico" de somar e subtrair frações. Observe o desenho e, na sequência, vamos destrinchar seu método revolucionário:

ADIÇÃO DE FRAÇÕES PELO MÉTODO DA BORBOLETA

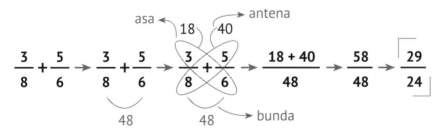

Carlos Frederico descrevia assim seu raciocínio:

1) conecto os dois denominadores por uma linha curva e os multiplico. Essa linha é a bunda da borboleta, onde coloco o resultado dessa multiplicação;

2) multiplico cruzado o numerador de uma fração com o denominador da outra, e vice-versa, o que vai formar as asas da borboleta;

3) nas anteninhas da borboleta, anoto o resultado dessa multiplicação;

4) agora é só reescrever a fração com os novos numeradores e o novo denominador comum e fazer a conta!

"É genial!", Carlos Frederico pensava. Ele sempre percebera que muitos dos seus amigos simplesmente somavam os numeradores e os denominadores, sem compreenderem o sentido dessa operação. Ele pensava: "Não devemos somar denominadores diferentes! Olhe o nome do negócio: *denominadores*. Aquilo que dá nome. Como vou somar uma banana com uma maçã? Agora, se eu somar duas *frutas*, ou seja, se eu der o mesmo nome às coisas, aí faz sentido. Com denominadores iguais, podemos somar os numeradores sem problemas. Mas só se os denominadores forem *iguais*!". Para Carlos Frederico, fazia sentido, mas, para muitos, não. E esse método da borboleta facilitava chegar a denominadores iguais através de um múltiplo comum. Era perfeito!

No mesmo instante em que terminou suas observações, guardou tudo na mochila e pôs-se a correr. Correu muito. Queria chegar logo para mostrar ao pai, Seu Silva, seu método lúdico de somar e subtrair frações. Os pensamentos de Carlos Frederico tinham trilha sonora: um funk carioca das antigas, que o fazia se lembrar do pai: "Era só mais um Silva que a estrela não brilha. Ele era funkeiro, mas era pai de família".

Chegou à favela. Ignorou de novo o tráfico de drogas e o fato de que alguns amigos estavam armados. Abriu a porta com uma energia tão grande que reverberou dentro de casa e até assustou Seu Silva, mais um Silva desempregado no Brasil.

— O que é isso, Carlos Frederico? Tá doido?

— Pai, descobri um negócio fantástico, o senhor vai gostar!

Explicou tudo ao pai, que, boquiaberto, sentia orgulho do filho. Seu Silva não sabia ler, mas gostava muito de matemática. Na favela, era considerado um pedreiro de mão cheia pela precisão de seus arremates e dos cálculos que fazia de cabeça. Era tão fã da matéria que um dia ouviu falar de um tal Carl Friedrich Gauss, matemático alemão dos séculos XVIII e XIX, considerado um dos maiores de todos os tempos e conhecido como "Príncipe da Matemática". Seu Silva, então, não teve dúvidas. Perguntou para a esposa, Dona Silva, que estava grávida, o que ela achava de batizar o filho que esperavam como Carlos Frederico. Dona Silva, com a simplicidade que lhe é peculiar, achou o nome bonito, sonoro, e, quando soube do nome completo do estudioso alemão, emendou:

— Nosso bebê será Carlos Frederico Gauss da Silva.

— Perfeito! Eu te amo.

— Eu também te amo.

Seu Silva, então, estimula o filho desde pequeno a buscar o conhecimento que ele próprio não teve oportunidade de adquirir. Presenteia o menino com livros, caça-palavras, desafios matemáticos diversos... Para Seu Silva, é muito divertido observar Carlos Frederico se desenvolvendo e se tornando uma criança curiosa e ávida por aprender.

1) SISTEMAS DE NUMERAÇÃO

CARLOS FREDERICO E OS ALGARISMOS

Era noite de domingo, o dia em que Carlos Frederico, sob supervisão do Seu Silva, navegava pelas redes sociais para se divertir com alguns memes. Até que o algoritmo de uma das redes, ao perceber que ele curtia muitas coisas relacionadas a matemática, sugeriu uma publicação interessante, que mostrava a suposta origem dos algarismos conhecidos hoje: 0, 1, 2, 3, 4, 5, 6, 7, 8 e 9.

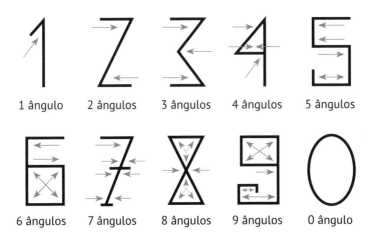

1 ângulo   2 ângulos   3 ângulos   4 ângulos   5 ângulos

6 ângulos   7 ângulos   8 ângulos   9 ângulos   0 ângulo

Aquela imagem era intrigante, e milhares de pessoas, do mundo todo, curtiam e compartilhavam.

— Eu nunca havia parado pra pensar nisso, pai... Olhe que incrível!

— Meu filho, cuidado com as coisas que você vê neste computador aí... É bom sempre procurar a informação correta — disse o sábio Seu Silva.

Rafael Procopio ‹ **21**

— Mas, pai, faz todo sentido! Amanhã na escola vou procurar saber mais.

Inquieto, no dia seguinte Carlos Frederico chegou radiante à escola e foi direto mostrar a imagem para Sophia.

— Esta imagem é muito legal, Carlos Frederico, mas é falsa. A história do desenvolvimento dos algarismos indo-arábicos é bem diferente.

— Indo o quê?

— Indo-arábicos, é como são chamados os dígitos de zero a nove que usamos corriqueiramente hoje em dia. Nosso sistema de numeração foi desenvolvido em conjunto entre indianos e árabes há muitos séculos.

— Indianos e árabes, professora? Que legal!

— Pois é. Assim como atualmente os youtubers colaboram entre si fazendo vídeos, muitos séculos atrás, os sábios colaboravam com a matemática e a ciência.

E, numa busca rápida pelo Google Imagens, Sophia encontrou uma tabela que demonstrava melhor a história do desenvolvimento dos numerais indo-arábicos. Mostrou-a para Carlos Frederico, que sorriu.

Europeu (descendente do árabe ocidental)	0	1	2	3	4	5	6	7	8	9
Indo-arábico	·	١	٢	٣	٤	٥	٦	٧	٨	٩
Indo-arábico oriental (persa e edu)	·	١	٢	٣	۴	۵	۶	٧	٨	٩
Devanágari (hindi)	०	१	२	३	४	५	६	७	८	९
Tâmil		௧	௨	௩	௪	௫	௬	௭	௮	௯

Madden/WikimediaCommons

— E como esses algarismos chegaram ao Brasil?

Sophia contou-lhe sobre como os europeus, há quase mil anos, usavam o sistema de numeração romano, no qual letras do alfabeto designavam quantidades. Por exemplo, a letra I valia uma unidade; a letra V valia cinco unidades; a letra X, dez; a letra L, 50;

C era 100; D era 500; M era 1000. Para formar outras grandezas numéricas, era preciso compor uma combinação das letras. Por exemplo, o número 48 era escrito pelos romanos como XLVIII: XL sendo 50 – 10 = 40, e VIII sendo 5 + 3 = 8.

Resolver equações na Roma Antiga era muito fácil...

Afinal, o valor de X era sempre 10.

Sophia seguiu explicando que foi um matemático italiano chamado Leonardo Fibonacci quem, no século XIII, introduziu os algarismos indo-arábicos na Europa. E isso graças ao seu pai, que mantinha comércio com os árabes: foi assim que Fibonacci teve contato com esse sistema de numeração de dez símbolos, capaz de exprimir qualquer grandeza de forma mais prática, ou seja, mais atraente. Com o sistema indo-arábico, também era muito mais fácil efetuar cálculos, algo que no sistema romano era bastante complicado. Imagine efetuar uma divisão ou multiplicação com algarismos romanos. Agora pense em como você realiza esses cálculos hoje. Muito mais simples, certo?

— Legal, professora, agora que eu sei a história certinha, vou parar de compartilhar imagens falsas.

— É, Carlos Frederico, como dizia Albert Einstein: "A matemática não mente. Mente quem faz mau uso dela".

SOBRE OS SISTEMAS DE NUMERAÇÃO

Nem sempre na história da humanidade os algarismos indo-arábicos e o sistema de numeração decimal posicional, nossos padrões vigentes, foram utilizados. Na verdade, até mesmo nos dias atuais ainda recorremos a outras bases numéricas. Compramos ovos em dúzias (base 12) e, no Brasil, até nomeamos o número 6 como "meia" para denotar "meia dúzia" (pois é, o 5 não costuma ser chamado de "meia dezena"); uma hora tem 60 minutos, e cada minuto tem 60 segundos (base 60 ou sexagesimal, a mesma utilizada para medir os 360 graus de uma volta completa de um círculo – e, note a semelhança, um ano terrestre tem 365 dias; parecia que o Universo gostava da base 60!); os computadores decodificam códigos envolvendo apenas os algarismos 0 e 1 (base 2 ou binária); as cores nos computadores muitas vezes são indicadas por letras e números num total de 16 símbolos (base 16 ou hexadecimal).

Um erro bastante comum é trabalhar com essas outras bases como se fossem a base decimal, com a qual temos mais afinidade.

Agora, um desafio rápido:

> **1,2 hora é a mesma coisa que:**
> (a) 1h20min
> (b) 1h12min

Repare, não costumamos ter dificuldade quando pronunciamos ou lemos "uma hora e meia", certo? Na hora a gente responde que "uma hora e meia" é a mesma coisa que "uma hora e trinta minutos" ou "1h30min". *Agora perceba!* "Uma hora e meia" escrita na forma decimal é 1,5 hora, já que 0,5 é a mesma coisa que a metade de algo, concorda? Então em 1,5 temos um inteiro e mais uma metade.

Pois bem, posso apostar que muitos leitores responderam que 1,2 hora equivale a 1 hora e 20 minutos. Mas isso está errado. Repare que 1,2 hora é a mesma coisa que uma hora inteira e mais 0,2 hora. Perceba comigo que 0,2 hora corresponde a 1/5 (um quinto) de hora. Se 1 hora tem 60 minutos, 1/5 de hora terá 60/5 minutos, ou seja, 12 minutos. Logo, chegamos à conclusão de que 1,2 hora equivale a 1h12min, portanto a resposta certa é a letra B.

24 › *Sou péssimo em matemática*

$$1\text{ h} \longrightarrow 60\text{ min}$$
$$0{,}2\text{ h} \longrightarrow x\text{ min}$$

$$x = 60 \times 0{,}2 = 12\text{ min}$$

Não podemos trabalhar com outras bases da mesma forma que trabalhamos com a base 10, que, no dia a dia, é a mais usada. É com ela que, por exemplo, lidamos com o nosso dinheirinho suado. Agora, já parou para pensar sobre o porquê desse sistema de numeração se chamar "decimal" e também "posicional"? O que o número 10 tem a ver, por exemplo, quando falo que dá para encher o tanque do meu carro com R$ 237,86?

Observe que coisa linda: o valor de cada algarismo no número 237,86 depende do lugar que ele ocupa, é ou não é? Se eu embaralhar os números, a quantidade expressa será outra. Então, devemos colocar os números adequadamente para comunicarmos o valor correto.

Vamos analisar o valor de cada um dos algarismos no número 237,86:

2 vale duas centenas, ou seja, 200 (ou $2 \times 100 = 2 \times 10^2$);
3 vale 3 dezenas, ou seja, 30 (ou $3 \times 10 = 3 \times 10^1$);
7 vale 7 unidades, ou seja, 7 mesmo (ou $7 \times 1 = 7 \times 10^0$);
8 vale 8 décimos, ou seja, 0,8 (ou $8 \times 0{,}1 = 8 \times 10^{-1}$);
6 vale 6 centésimos, ou seja, 0,06 (ou $6 \times 0{,}01 = 6 \times 10^{-2}$).

Portanto, podemos escrever:

$$237{,}86 = 2 \times 10^2 + 3 \times 10^1 + 7 \times 10^0 + 8 \times 10^{-1} + 6 \times 10^{-2}$$

O que fiz foi representar os algarismos do número 237,86 como potências de base 10, o que caracteriza o sistema decimal. É uma forma genial de se organizar os numerais para que possamos formar números que expressem quantidades. E isso facilita bastante também na hora de efetuar cálculos, como veremos nos próximos capítulos, que tratam das operações de adição, subtração, multiplicação, divisão, potenciação e radiciação.

Falaremos com mais detalhes sobre a potenciação no capítulo 6, mas vou aproveitar que citei as potências de base 10 para me aprofundar no sistema decimal. E note, mesmo sem falar sobre potenciação ainda, você vai entender direitinho do que se trata. *Agora perceba*:

10^0 = 1, que é a unidade;
10^1 = 10, que é a dezena;
10^2 = 100, que é a centena;
10^3 = 1 000, que é a unidade de milhar;
E por aí vai...

Repare que nas potências de base 10 a quantidade de zeros à direita do algarismo 1 é exatamente igual à do expoente, o que ajuda bastante nos cálculos, que podem ser feitos facilmente de cabeça. Mas eu só apresentei as potências de base 10 com expoentes positivos (e com expoente zero). Temos ainda os expoentes negativos, que seguem a mesma lógica, só que de forma inversa. Repare:

10^{-1} = 0,1, que é o décimo;
10^{-2} = 0,01, que é o centésimo;
10^{-3} = 0,001, que é o milésimo;
E por aí vai...

Note que, quando o expoente do 10 é negativo, os zeros são dispostos à esquerda do algarismo 1, formando números decimais.

Já ouviu a expressão "zero à esquerda"? Pois saiba que ela tem muito a ver com o nosso sistema de numeração decimal posicional. Repare que, num número inteiro (aquele número aparentemente sem vírgulas), podemos acrescentar zeros à esquerda sem que se altere o valor. Por exemplo: 954 = 000954. Os zeros, nesse caso, simplesmente *não têm valor*. Então, quando

26 ❭ *Sou péssimo em matemática*

chamamos alguém de "zero à esquerda", significa que a pessoa ofendida não acrescenta valor algum.

Porém, se por algum motivo você for o ofendido da história e achar isso injusto, vou te ensinar a argumentar contra o seu algoz e ainda sair por cima da situação, deixando-o sem reação e sem resposta. Basta dizer: "É, concordo. Mas sou um zero à esquerda de um número decimal e na parte decimal desse número".

Não entendeu? Eu explico. É muito fácil, muito simples.

Num número decimal, a parte decimal (aquela que fica depois da vírgula) é altamente influenciada por zeros à esquerda. Note que os números 0,1 e 0,01 representam grandezas diferentes por causa do zero à esquerda na parte decimal. Pensando em grana, 0,1 equivale a R$ 0,10 (dez centavos), enquanto 0,01 seria R$ 0,01 (um centavo).

A lógica de um número decimal se inverte. No caso, zeros à direita não fazem diferença. Repare que 0,1 é a mesma coisa que 0,10. Incluir zeros à direita na parte decimal não muda nada.

Ainda está confuso? Vamos então voltar à infância, quando uma de nossas primeiras professoras nos mostrou o quadro valor de lugar. Lembra-se dele?

Milhões			Milhares			Unidades				Decimais		
Centenas de milhão	Dezenas de milhão	Milhão	Centenas de milhar	Dezenas de milhar	Milhar	Centenas	Dezenas	Unidades	,	Décimo	Centésimo	Milésimo

Com esse quadro, conseguimos escrever qualquer número do nosso sistema de numeração decimal posicional. *Agora perceba!* Ao escrevermos um número um pouco maior, como uma quantia em dinheiro, por exemplo, R$ 1 499 999,00 (quem não queria ter essa quantia no banco? Aposto que você conseguiu ler direitinho! hehe), rapidamente conseguimos identificar o número porque ele está organizado de uma forma simples, dividido em ordens e classes. Repare que três ordens formam uma classe, e, para facilitar a escrita, escrevi o número separando as classes. No número 1 499 999 (um milhão, quatrocentos e noventa e nove mil, novecentos e noventa e nove), temos a classe dos milhões (nesse caso representada apenas pelo 1); a classe dos milhares (representada pelo 499); e, finalmente, a classe das unidades (representada pelo 999):

1 – Unidade de milhão, que equivale a $1 \cdot 10^6 = 1\,000\,000$
4 – Centena de milhar, que equivale a $4 \cdot 10^5 = 400\,000$
9 – Dezena de milhar, que equivale a $9 \cdot 10^4 = 90\,000$
9 – Unidade de milhar, que equivale a $9 \cdot 10^3 = 9\,000$
9 – Centena, que equivale a $9 \cdot 10^2 = 900$
9 – Dezena, que equivale a $9 \cdot 10^1 = 90$
9 – Unidade, que equivale a $9 \cdot 10^0 = 9$

Ao somarmos tudo, temos:

$$1 \cdot 10^6 + 4 \cdot 10^5 + 9 \cdot 10^4 + 9 \cdot 10^3 + 9 \cdot 10^2 + 9 \cdot 10^1 + 9 \cdot 10^0$$

Que é o mesmo que:

$$1\,000\,000 + 400\,000 + 90\,000 + 9\,000 + 900 + 90 + 9 = 1\,499\,999$$

Faz todo sentido, é ou não é? Como expliquei antes, a posição dos algarismos no quadro influencia o valor final do número inteiro, por isso o sistema, além de decimal, é posicional.

"Ai, Procopio, mas para que isso serve na prática?", você pode me perguntar. Vou mostrar!

APLICAÇÃO DA NOTAÇÃO CIENTÍFICA

Nas diversas ciências, por muitas vezes, temos de lidar com números grandes ou pequenos demais. Seria um grande martírio

28 ❭ *Sou péssimo em matemática*

escrever o tempo todo esses números na forma completa. Então, no intuito de facilitar os cálculos, criou-se a notação científica, que permite sintetizar um número grande ou pequeno demais utilizando os artifícios do nosso sistema de numeração decimal.

Na astronomia, por exemplo, temos um valor constante chamado de unidade astronômica (UA), que é definido como a distância média entre o planeta Terra e o Sol. O valor dessa constante UA é de 149 597 870 700 m (sim, o valor é dado em metros, que é a unidade de medida de distância padrão no sistema internacional). Esse número pode ser facilmente arredondado, para fins de cálculos aproximados, para 150 000 000 000 m (cento e cinquenta bilhões de metros).

Num cálculo, ter de escrever o número 150 000 000 000 o tempo todo seria bastante cansativo e maçante. Uma forma de torná-lo mais prático é escrevê-lo na forma da notação científica. Para isso, basta ter em mente o seguinte formato:

$$a \cdot 10^n \,;\, 1 \leqslant a < 10 \text{ e } n \in \mathbb{Z}$$

"Oi?! Não entendi nadica de nada..." Tenho certeza de que você, que se considera péssimo em matemática, teve esse pensamento. Mas, como eu digo em minhas aulas, muita calma nessa hora. Estou aqui para explicar, e é muito fácil, muito simples.

O a na fórmula nada mais é que um número compreendido entre 1 (incluindo o próprio 1) e 10 (excluindo o 10) e que pertence ao conjunto dos números inteiros. Ele será multiplicado por uma potência de base 10, que estará elevada a um expoente inteiro n adequado.

Vejamos na prática como podemos escrever a unidade astronômica que, como vimos, de forma arredondada, vale 150 000 000 000 metros.

Primeiramente, precisamos determinar o valor de a. A dica aqui é transformar o número em questão acrescentando uma vírgula ao final (lembrando que 150 000 000 000 = 150 000 000 000,0). A partir daí, vamos deslocar a vírgula até satisfazer a condição de *a*, que precisa ser um número entre 1 (incluindo o 1) e 10 (excluindo o 10).

Agora perceba! Repare que, se eu deslocar a vírgula onze casas para a esquerda, terei o número 1,5 (os zeros à direita não terão valor na parte decimal, como expliquei antes). Aí você vai dizer: "Procopio, o número 1,5 está bem longe de representar o 150 000 000 000". Concordo contigo. É por isso que temos de multiplicá-lo por uma potência de base 10 adequada, para que ele volte a representar aquela quantidade original. Como andamos onze casas para a esquerda, o que fez com que o número original diminuísse de tamanho, precisamos multiplicar o 1,5 por 100 000 000 000. Mas repare que 100 000 000 000 tem onze zeros à direita, e, como vimos nas potências de base 10, o número de zeros à direita do algarismo 1 indica o expoente do 10. Logo,

$$150\ 000\ 000\ 000 = 1{,}5 \cdot 10^{11}$$

Portanto, agora estamos autorizados a escrever que a unidade astronômica, a distância aproximada da Terra até o Sol, é de $1{,}5 \cdot 10^{11}$ metros. Graças à notação científica, conseguimos sintetizar aquele número enorme – 150 000 000 000 – em algo mais simples de compreender.

E isso serve para números pequenos também, como a massa de um elétron, a partícula subatômica com carga negativa, muito usado em química. Imagine quão pequena é a massa de um elétron. Sua medida é de cerca de (tente ler este número):

0,0000000000000000000000000000091093822 kg

"Caraca, Procopio... Me perdi."

Pois é. Fica difícil lidar com números tão pequenos – e tão longos – assim, não é mesmo? Representá-lo em notação científica simplifica bastante as coisas e nos dá uma noção melhor do quão pequeno esse número é: nesse caso, a massa de um elétron (em kg) tem 31 zeros à esquerda do primeiro algarismo 9. Para determinar o *a* desse número, precisamos deslocar a vírgula 31 casas para a direita, obtendo 9,1093822. Ao deslocar a vírgula para a direita, aumentamos o valor do número original, concorda? Para que nada se altere, devemos multiplicar 9,1093822 por uma potência de base 10 adequada. Já aprendemos que, quando temos um número decimal, a potência de base 10 terá um expoente negativo. Como a vírgula andou 31 casas para a direita, temos:

0,00000000000000000000000000000091093822
= $9,1093822 \cdot 10^{-31}$

Pronto. Aquele número que, apesar de minúsculo, tinha uma representação gigantesca e de difícil leitura, agora se resume a $9,1093822 \cdot 10^{-31}$. Bem mais simples.

Curtiu aprender sobre o sistema de numeração decimal posicional? Deixo para você, como desafio, uma questão do Enem 2016 que abordou o sistema de numeração decimal por meio de um ábaco, antigo instrumento de cálculo. Veja se consegue resolver.

DESAFIO

O ábaco é um antigo instrumento de cálculo que usa notação posicional de base 10 para representar números naturais. Ele pode ser apresentado em vários modelos, um deles é formado por hastes apoiadas em uma base. Cada haste corresponde a uma posição no sistema decimal e nelas são colocadas argolas; a quantidade de argolas na haste representa o algarismo daquela posição. Em geral, colocam-se adesivos abaixo das hastes com os símbolos U, D, C, M, DM e CM, que correspondem, respectivamente, a unidades, dezenas, centenas, unidades de milhar, dezenas de milhar e centenas de milhar, sempre começando com a unidade na haste da direita e as demais ordens do número no sistema decimal nas hastes subsequentes (da direita para a esquerda), até a haste que se encontra mais à esquerda.

Entretanto, no ábaco da figura, os adesivos não seguiram a disposição usual.

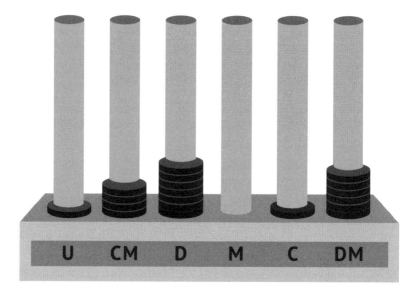

Nessa disposição, o número que está representado na figura é:
A) 46 171.
B) 147 016.
C) 171 064.
D) 460 171.
E) 610 741.

ANOTAÇÕES DO CAPÍTULO 1:

34 › *Sou péssimo em matemática*

2) TABUADAS DE MULTIPLICAÇÃO

CARLOS FREDERICO FAZ CONTA COM AS MÃOS

ais um dia na escola de Carlos Frederico. Na semana anterior, a professora Sophia havia dito que a aula seguinte seria dedicada a reforçar a tabuada de multiplicação. Ela, sempre atenta às novas tecnologias, buscou no YouTube vídeos sobre como montar tabuadas de multiplicação. Carlos Frederico, por sua vez, também não perdeu tempo e foi atrás de dicas e truques para decorar a tabuada.

Ao chegar à escola, o garoto foi ao encontro de Sophia, disparando com muita energia:

— Professora, descobri vários truques para fazer conta de vezes!

— Sério? Que legal. Mostre o que aprendeu.

E, olhando para as duas mãos, Carlos Frederico fez uma expressão pensativa. Pensou. Pensou por mais alguns segundos. Até que Sophia interveio:

— Carlos Frederico, vai fazer conta com as mãos? Foi isso que você aprendeu?

— Sim, é muito legal, mas é diferente de fazer continhas simples com as mãos. Dá pra fazer até multiplicação por 6, 7, 8, 9 e 10, as tabuadas mais difíceis.

— Eita, sério? Então me ensine, quero aprender.

Carlos Frederico explicou para Sophia o método que aprendera na internet. Antes, pediu emprestado a ela um pincel atômico e escreveu no dedo mindinho o número 6, no anelar, o 7, no dedo médio escreveu o 8, no indicador, o 9, e no polegar, o 10. Fez isso nas duas mãos.

Rafael Procopio ‹ **35**

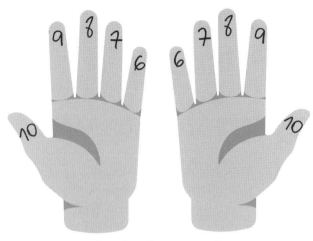

Ao mostrar as mãos riscadas, perguntou:

— Qual é a conta da tabuada mais difícil, que os seus alunos mais se enrolam?

— Ora, claro que é 7 vezes 8, ou 8 vezes 7.

— Então, vamos lá, professora.

Carlos Frederico juntou o dedo da mão direita com o número 8 com o dedo da mão esquerda com o número 7.

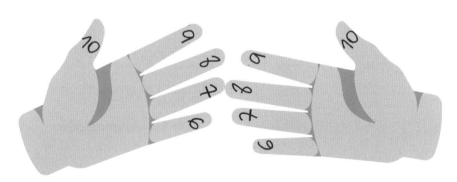

— Agora, a quantidade de dedos cujos números são menores ou iguais a 8 na mão direita e a quantidade de dedos cujos números são menores ou iguais a 7 na mão esquerda formam as dezenas. E, pra finalizar, contabilizo quantos dedos sobraram na mão esquerda e na mão direita e os multiplico entre si.

— Como assim?

36 › *Sou péssimo em matemática*

— Muito simples. Veja que sobraram 2 dedos na mão direita e 3 dedos na esquerda. Quanto é 2 × 3?

— É 6.

— Pois é, professora. *Agora perceba!* 5 dedos formando as dezenas: 50. E 2 × 3 é 6. Logo, 50 + 6 = 56; 7 × 8, assim como 8 × 7, é igual a 56.

— Que incrível, Carlos Frederico! Sensacional! Adorei! Será que dá pra fazer 6 × 6 também?

— Dá, sim. Repare que, pra fazer 6 × 6, junto os dois dedos mindinhos. Logo, serão 2 dezenas.

— Mas 6 × 6 tem 3 dezenas, não tem?

— Calma, professora... Tem sim, vamos chegar lá. *Agora perceba!* Os dedos que sobraram, 4 na mão direita e 4 na mão esquerda, quando multiplicados, dão 16. E quanto é 20 + 16?

— É 36, Carlos Frederico. Que show! Estou encantada!

Ambos ainda testaram outras contas, como 9 × 8 e 10 × 10, e perceberam que esse método funciona sempre e gera os resultados corretos para as tabuadas mais difíceis. Sophia apresentou o truque descoberto por Carlos Frederico para a turma toda, para delírio de todos. Naquele dia, teve bagunça, sim, mas também muito aprendizado.

Em seguida, já com os alunos mais calmos e familiarizados com o assunto, ela apresentou outras maneiras de montar as tabuadas de multiplicação, para que a turma entendesse de vez o que estava envolvido nas operações.

A TABUADA TRADICIONAL

Para começar, vamos construir a tabuada de multiplicação tradicional que todos conhecem. Como a matemática é um exercício constante, convido você, caro leitor, a praticar essas operações. Preencha o quadro a seguir com o resultado de cada conta:

Rafael Procopio ‹ **37**

1	2	3	4	5	6	7	8	9	10
1×1=	2×1=	3×1=	4×1=	5×1=	6×1=	7×1=	8×1=	9×1=	10×1=
1×2=	2×2=	3×2=	4×2=	5×2=	6×2=	7×2=	8×2=	9×2=	10×2=
1×3=	2×3=	3×3=	4×3=	5×3=	6×3=	7×3=	8×3=	9×3=	10×3=
1×4=	2×4=	3×4=	4×4=	5×4=	6×4=	7×4=	8×4=	9×4=	10×4=
1×5=	2×5=	3×5=	4×5=	5×5=	6×5=	7×5=	8×5=	9×5=	10×5=
1×6=	2×6=	3×6=	4×6=	5×6=	6×6=	7×6=	8×6=	9×6=	10×6=
1×7=	2×7=	3×7=	4×7=	5×7=	6×7=	7×7=	8×7=	9×7=	10×7=
1×8=	2×8=	3×8=	4×8=	5×8=	6×8=	7×8=	8×8=	9×8=	10×8=
1×9=	2×9=	3×9=	4×9=	5×9=	6×9=	7×9=	8×9=	9×9=	10×9=
1×10=	2×10=	3×10=	4×10=	5×10=	6×10=	7×10=	8×10=	9×10=	10×10=

Agora, analise a tabela que acabou de montar, composta pelas tabuadas de multiplicação dos números de 1 a 10. Consegue perceber algum padrão ou propriedade interessante?

Normalmente, as tabuadas param no 10, mas podem continuar indefinidamente. Isso não nos impede, porém, de fazer uso das propriedades da multiplicação para deduzir todas as outras tabuadas, até mesmo de cabeça. Se soubermos a do 1, a do 2, a do 5 e a do 10, podemos determinar todas as outras rapidamente, sem precisar sabê-las de cor. Portanto, não é nenhum bicho de sete cabeças acertar, por exemplo, quanto é 7 × 8.

"Como assim?", você deve estar se perguntando. Ora, é muito simples. A multiplicação tem algumas propriedades interessantes, e uma delas é a distributiva. Com ela, como o próprio nome sugere, você pode distribuir uma multiplicação entre dois ou mais elementos. Por exemplo, se você não sabe quanto é 7 × 8 de cabeça, mas sabe a tabuada do 2 e do 10, você pode transformar o 8 em 10 - 2 (é a mesma coisa, certo?). Aplicando a propriedade distributiva, teremos:

$$7 \times 8 = 7 \times (10 - 2) = 70 - 14 = 56$$

Ou, ainda, se souber a tabuada do 5 e do 2:

$$7 \times 8 = (5 + 2) \times 8 = 40 + 16 = 56$$

Agora perceba! Não importa como você faz o cálculo, o resultado deve ser sempre o mesmo: $7 \times 8 = 56$.

"Mas e se eu quiser saber quanto é 12×13?", você pode se perguntar. Raciocine assim:

$$12 \times 13 = (10 + 2) \times 13 = 130 + 26 = 156$$

Dê asas ao raciocínio e à criatividade. Assim, as contas de multiplicação farão mais sentido e você conseguirá resolvê-las de forma mais eficaz, compreendendo os conceitos por trás das decorebas. E aquelas aparentemente grandes podem ser feitas de cabeça com rapidez.

"Mas, Procopio, me ensina aí algum macete rápido pra eu construir, por exemplo, a tabuada do 7, que é a mais difícil", você vai me pedir.

Sim, é pra já! O truque para construir essa tabuada é utilizar o famoso jogo da velha. Acompanhe os passos a seguir:

1) Desenhe um jogo da velha.

TABUADA DO 7

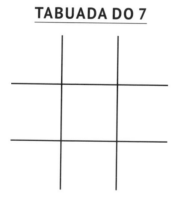

2) Escreva a sequência dos algarismos de 1 a 9 a partir do canto superior direito do jogo da velha, de cima para baixo. Es-

ses serão os últimos dígitos do produto, conforme mostra a imagem a seguir:

TABUADA DO 7

7	4	1
8	5	2
9	6	3

Comece por aqui ↓

3) Escreva os primeiros dígitos para completar as respostas, a partir da primeira linha, fazendo da esquerda para a direita a sequência 0, 1 e 2; depois 2, 3 e 4; e finalmente, na terceira linha, 4, 5 e 6.

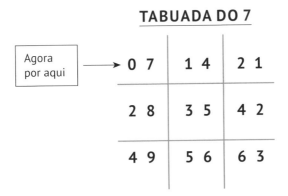

Pronto. Dessa forma terminamos de construir, de maneira incrível, a tabuada do 7, de 7 × 1 até 7 × 9. Claro que 7 × 10 é muito fácil, muito simples, e você sabe que o resultado é 70.

É interessante perceber que a tabuada do 3 guarda semelhanças incríveis com a do 7, inclusive na construção, como veremos agora. São necessárias apenas algumas mudanças básicas.

1) Desenhe o jogo da velha e o preencha, como fez na tabuada do 7, com os algarismos de 1 a 9, sendo que esses serão os últimos dígitos das respostas. Uma mudança sutil é que, na tabuada do 3, você deve começar a preencher a partir do canto inferior esquerdo e de baixo para cima, de maneira inversa ao que fez na do 7. Repare:

3	6	9
2	5	8
1	4	7

Comece por aqui

2) Complete a tabuada do 3 com os primeiros dígitos das respostas, escrevendo na primeira linha apenas o algarismo 0; na segunda linha o 1; e na terceira linha o 2. Simples assim. E está prontinha a tabuada do 3!

Agora por aqui →

0 3	0 6	0 9
1 2	1 5	1 8
2 1	2 4	2 7

Incrível, não é mesmo? Neste capítulo, no item "Aplicação da tabuada", mostrarei como a interpretação geométrica das tabuadas do 3 e do 7 num círculo, por conta dessas semelhanças, é muito parecida também.

A TABUADA DE PITÁGORAS

Outra forma de encarar a tabuada de multiplicação é usar a tabuada de Pitágoras. Além de economizar espaço, essa versão torna a visualização das propriedades da multiplicação muito mais evidente, além de nos possibilitar perceber outros padrões muito legais.

Para preenchê-la, é necessário ter uma noção básica de plano cartesiano, para identificar corretamente o resultado de cada conta. Veja a seguir como funciona. Tente completar a tabuada seguinte.

"Completar tabuada de novo?", você me pergunta.

Sim, de novo! Para que a tabuada corra nas suas veias como o sangue e fique natural em todas as contas que você fizer, é necessário praticar bastante. Para decorá-la de uma vez e responder com rapidez a questões que exijam multiplicação, você terá de condicionar seu cérebro. Não há outro jeito. Então, preencha esta nova tabuada, que é ligeiramente diferente da anterior. Ela economiza espaço e permite perceber algumas propriedades com mais facilidade. É contigo!

x	1	2	3	4	5	6	7	8	9	10
1										
2										
3										
4										
5										
6										
7										
8										
9										
10										

Conseguiu preenchê-la corretamente? Verifique na página seguinte essa mesma tabuada preenchida e confira seus resultados.

42 ❭ *Sou péssimo em matemática*

x	1	2	3	4	5	6	7	8	9	10
1	1	2	3	4	5	6	7	8	9	10
2	2	4	6	8	10	12	14	16	18	20
3	3	6	9	12	15	18	21	24	27	30
4	4	8	12	16	20	24	28	32	36	40
5	5	10	15	20	25	30	35	40	45	50
6	6	12	18	24	30	36	42	48	54	60
7	7	14	21	28	35	42	49	56	63	70
8	8	16	24	32	40	48	56	64	72	80
9	9	18	27	36	45	54	63	72	81	90
10	10	20	30	40	50	60	70	80	90	100

E aí, percebeu algum padrão?

A diagonal destacada se refere aos números que são quadrados perfeitos, ou seja, a multiplicação de um número por ele mesmo:

$1^2 = 1 \times 1 = 1$
$2^2 = 2 \times 2 = 4$
$3^2 = 3 \times 3 = 9$
$4^2 = 4 \times 4 = 16$

E assim por diante. No capítulo 6, sobre potenciação, retornaremos ao tema dos quadrados perfeitos.

Percebemos que, por meio da tabuada de Pitágoras, basta decorar metade da de multiplicação, já que as partes de cima e de baixo da diagonal dos quadrados perfeitos são simétricas, idênticas, como se fosse um espelho. Isso nos mostra também a propriedade comutativa da multiplicação, que diz que a ordem dos fatores não altera o produto.

$3 \times 2 = 2 \times 3 = 6$
$7 \times 8 = 8 \times 7 = 56$
$5 \times 9 = 9 \times 5 = 45$

Agora que já teve contato com a tabuada tradicional e a de Pitágoras, cabe a você treinar muito. É importante compreender o conceito da operação de multiplicação, como fizemos aqui neste capítulo e faremos mais adiante. Mas algumas coisas merecem passar pela decoreba, e a tabuada é uma delas. Por quê? Para que você não perca tempo pensando muito na resposta nem fique fazendo cálculos exaustivos. Em concursos e provas, é essencial economizar tempo, portanto saber a tabuada de multiplicação de cor é obrigatório. Além disso, dominar esse conteúdo traz avanços nas contas de divisão, que é a operação inversa da multiplicação. Se você sabe, por exemplo, que 7×8 é igual a 56, logo, saberá facilmente que $56 \div 8$ é igual a 7, ou que $56 \div 7$ é igual a 8. Fica muito mais fácil, muito mais simples. É ou não é? Então pratique bastante até decorar tudo!

APLICAÇÃO DA TABUADA

A tabuada de multiplicação serve para efetuarmos cálculos com mais rapidez, mas, para ter um conhecimento profundo sobre a matéria, para que ela faça sentido, é necessário, mais que decorar, entender os processos que levam aos resultados.

Talvez uma das utilidades mais corriqueiras e interessantes da tabuada de multiplicação seja ajudar no cálculo da área de um retângulo, por exemplo, como uma quadra de futebol, um quarto, uma mesa... Se você souber a tabuada de cabeça e também tiver aprendido as técnicas para efetuar multiplicações mentalmente, conforme expliquei neste capítulo, poderá calcular a área de um retângulo bem rapidinho. Basta multiplicar a base pela altura. De forma sintética, podemos escrever:

$$A_R = b \times h$$

A_R é a área do retângulo; b é a medida da base; e h é a altura (a altura é chamada de h porque a abreviatura vem da palavra em inglês, "height").

O tabuleiro do jogo de xadrez (ou de damas) é um quadrado dividido em vários quadradinhos internos. Não sei se você sabe ou se já reparou, mas todo quadrado é um retângulo.

"Como assim, Procopio?! Todo quadrado é um retângulo?!"

Sim, todo quadrado é um retângulo. Para que uma figura seja considerada um retângulo, como o próprio nome diz, basta que seja um quadrilátero (figura com quatro lados) com quatro ângulos retos (iguais a 90°). Um quadrado tem essas características, com a especificidade de ter os quatro lados iguais também. O quadrado é, portanto, um tipo especial de retângulo.

Logo, o tabuleiro do jogo de xadrez pode ser encarado como um retângulo de lados iguais. *Agora perceba!* Tanto a base quanto a altura de um tabuleiro de xadrez são divididas em 8 partes. Logo, para saber a quantidade total de quadradinhos de um tabuleiro como esse, aplicamos a fórmula e calculamos:

$$A_R = b \times h = 8 \times 8 = 64$$

Então, descobrimos que há 64 quadradinhos num tabuleiro de xadrez. Bastou multiplicar 8 por 8.

Uma sala de aula, em geral, também é retangular. Então fica fácil calcular a área da sala de aula e também a quantidade de carteiras que podem ocupar o espaço, portanto, o número de alunos que a sala pode receber.

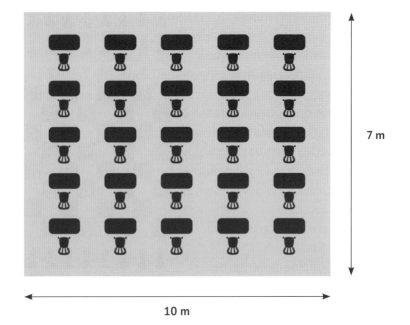

Nesse exemplo, a sala de aula tem 10 metros de largura por 7 metros de comprimento. Como se trata de um retângulo, para calcularmos a área da sala de aula, basta multiplicarmos 10 m × 7 m, e a resposta é 70 m². Repare que a unidade de medida da área da sala é m² (metros quadrados), e não apenas m (metros). Quando compramos piso para revestir o chão de casa, por exemplo, o pedido deve ser feito em metros quadrados, pois se trata da medida de uma superfície.

Ainda no exemplo da sala de aula, a disposição das carteiras segue um formato retangular, e podemos calcular que há 5 fileiras de carteiras, cada uma com 6 carteiras. Logo, chegamos ao total de carteiras ao multiplicar 5 × 6, ou seja, são 30 no total. Não precisamos contar uma por uma para saber esse resultado. Se a organização for retangular, basta determinar largura e comprimento e depois multiplicar. E isso nos dá um poder incrível, é ou não é?

"Beleza, Procopio, mas você disse que falaria sobre interpretação geométrica das tabuadas no círculo... O que seria isso?"

Bem lembrado! É muito interessante visualizar o padrão geométrico que as tabuadas formam num círculo dividido em 10 partes iguais, as quais representam os algarismos das unidades das respostas das diversas tabuadas de multiplicação.

Repare que a tabuada do 1, ao conectarmos os algarismos das unidades das respostas, gera uma figura geométrica regular chamada decágono, que é um polígono de 10 lados, desenhada no sentido horário. Além disso, a figura formada pela tabuada do 9 é exatamente a mesma, só que desenhada no sentido contrário, ou seja, no sentido anti-horário. Faça também e surpreenda-se com esses padrões!

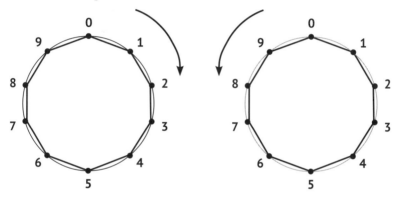

As tabuadas do 2 e do 8 também geram figuras idênticas – um pentágono regular (5 lados) –, só que desenhadas em sentidos opostos; a do 2 em sentido horário, e a tabuada do 8 em sentido anti-horário. É incrível perceber isso!

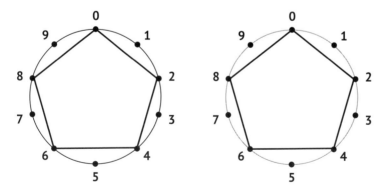

Rafael Procopio ‹ 47

E agora pasme! Perceba que as tabuadas do 3 e do 7 formam uma linda estrela de 10 pontas. Não vou desenhar essa, porque eu quero que você mesmo faça! Então, analise os últimos dígitos dessas tabuadas e conecte os pontinhos dos círculos abaixo:

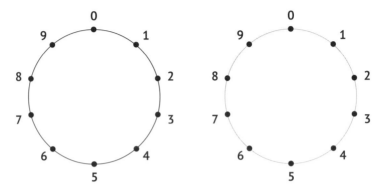

Viu só que incrível? Já havia notado essa semelhança entre as tabuadas do 3 e do 7? É realmente de explodir a cabeça. E isso faz a gente compreender melhor o funcionamento das tabuadas. Trabalhamos com números e figuras, descobrimos padrões e, assim, adquirimos mais e mais conhecimento.

Agora vamos fazer o mesmo exercício com as tabuadas do 4 e do 6. Também vou deixar sob a sua responsabilidade desenhar a figura resultante dos últimos dígitos dessas duas tabuadas, que guardam muitas semelhanças entre si. Mãos à obra!

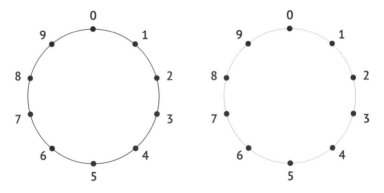

E aí, qual figura formou? Uma estrela de cinco pontas? Sensacional, é ou não é? Fico fascinado com esses padrões geométricos.

Agora pense por um instante sobre as tabuadas do 5 e do 10. Tente desenhar o padrão. O que você percebeu?

Que tal um desafio com uma questão do Enem 2012 para treinar um pouco mais? Vai exigir conhecimentos simples da tabuada de multiplicação e também algumas continhas de adição. Cuidado para não cair nas pegadinhas do Exame Nacional do Ensino Médio, hein?

DESAFIO

A capacidade mínima, em BTU/h, de um aparelho de ar-condicionado, para ambientes sem exposição ao sol, pode ser determinada da seguinte forma:

• 600 BTU/h por m^2, considerando-se até duas pessoas no ambiente;
• para cada pessoa adicional nesse ambiente, acrescentar 600 BTU/h;
• acrescentar mais 600 BTU/h para cada equipamento eletroeletrônico em funcionamento no ambiente.

Será instalado um aparelho de ar-condicionado em uma sala, sem exposição ao sol, de dimensões 4m × 5m, em que permaneçam quatro pessoas e possua um aparelho de televisão em funcionamento.

A capacidade mínima, em BTU/h, desse aparelho de ar-condicionado deve ser:

A) 12 000.
B) 12 600.
C) 13 200.
D) 13 800.
E) 15 000.

Resposta: (D). A explicação está disponível no vídeo Enem 2012 Matemática #7.

ANOTAÇÕES DO CAPÍTULO 2:

Rafael Procopio ‹ **51**

3) ADIÇÃO E SUBTRAÇÃO

CARLOS FREDERICO E SEU TRUQUE DE SUBTRAÇÃO

Outro dia Carlos Frederico estava com seus pais vendo fotografias antigas para relembrar sua infância. Em uma das fotos, a família estava dentro de um ônibus urbano do Rio de Janeiro, da linha 784, que faz o trajeto de Marechal Hermes até a Vila Kennedy. Na ocasião, Carlos Frederico tinha 6 anos de idade, era levado, mas muito curioso e inventivo.

Seu Silva se lembrou de como o cobrador daquele ônibus tinha ficado surpreso quando Carlos Frederico calculou rapidamente o troco da passagem. Seu Silva tinha uma nota de 20 reais na carteira e sacou-a para pagar as três passagens. O cobrador estava confuso, pois naquele dia a passagem havia sofrido um reajuste de 2,50 para 2,75 reais. E, ao perceber que o cobrador estava tendo dificuldades para multiplicar 2,75 por 3, Carlos Frederico respondeu na lata:

— Dá 8 reais e 25 centavos, moço.

Sem acreditar, o cobrador sacou uma calculadora do bolso e tirou a prova:

— Caraca, menino, tu é sinistro! Dá isso certinho... Mas agora quero ver se tu é bom mermo, parceiro... Quanto eu tenho que dar de troco pro seu pai?

Carlos Frederico nem precisou pensar por muito tempo, logo tinha a resposta na ponta da língua:

— Ora, moço, dá 11 reais e 75 centavos de troco, né?

— Deixa eu ver aqui... Caraca, moleque! Tu é brabo mermo! Tá certinho, rapá! Esse moleque tem futuro, hein!

Mesmo acostumado com a inteligência de Carlos Frederico, Seu Silva ficou impressionado com tamanha agilidade nos cálculos. Quando sentou no banco do ônibus, perguntou para o filho:

— Fredinho, como você fez aquelas contas tão rápido? Me explica.

— Ah, pai, a conta de vezes é muito fácil... Como somos 3 e cada passagem custa 2,75 reais, primeiro fiz 3 × 2, que dá 6 reais; depois multipliquei 75 centavos por 3, que dá 2 reais e 25 centavos. Somando tudo, 8 reais e 25 centavos.

— Isso aí, Fredinho, muito bom seu pensamento. E, depois, para o troco, como você fez?

— Aí eu fiz 20 menos 8,25, né? Dã ã ã!

— Eu sei, Fred, mas como você calculou tão rápido?

— Como você faria essa conta, pai?

Seu Silva sacou, então, uma caderneta e uma caneta que sempre levava no bolso da velha camisa de botão. Mesmo com o balanço do ônibus, que deixava a caligrafia dos algarismos de Seu Silva ainda mais ilegível que o normal (ele não sabia ler, mas sabia armar algumas contas básicas de matemática), escreveu:

$$\begin{array}{r} {\scriptstyle 9\ \ 9} \\ {\scriptstyle 1\ \ 10\ \ 10\ \ 10} \\ 20{,}00 \\ -\ \ 8{,}25 \\ \hline 11{,}75 \end{array}$$

Posicionou corretamente vírgula embaixo de vírgula. Mas aí começou uma saga de pedir valores emprestados... Primeiro pediu uma dezena emprestada ao 2 (que vale duas dezenas), fazendo o zero ao lado do 2 valer dez unidades; e seguiu nessa de pedir emprestado, como mostra a figura anterior. Alguns minutos depois, chegou ao resultado correto de 11,75 reais. E disse:

— Eu faria assim, Fredinho. E você, como fez?

— Pai, provavelmente o cobrador também estava pensando assim, por isso demorava tanto pra fazer a conta... Eu fiz mais fácil: tirei um centavinho de 20 reais e um centavinho de 8,25. E ficou mais fácil fazer a conta de cabeça. Olha só.

Rafael Procopio ‹ **53**

Pegando a caderneta e a caneta do pai, Carlos Frederico demonstrou seu raciocínio.

$$\begin{array}{r} 20,00 \quad {\scriptstyle -0,01} \\ - \ 8,25 \quad {\scriptstyle -0,01} \\ \hline \end{array} \longrightarrow \begin{array}{r} 19,99 \\ - \ 8,24 \\ \hline 11,75 \end{array}$$

— Olhe, pai, fica facinho fazer de cabeça essa conta. Eu coloquei um monte de noves ali em cima e aí não precisei pedir emprestado pra ninguém.

Seu Silva ficou sem palavras, apenas orgulhoso da habilidade do filho com os cálculos aritméticos. Dona Silva, sem entender muito bem a situação, mas feliz pelo elogio que o filho recebeu do cobrador, sacou o celular da bolsa. O modelo era simples, não tinha muita memória, e eles estavam indo do Fumacê, em Realengo, até o bairro de Bangu exatamente para revelar as fotos e liberar espaço no aparelho. Dona Silva não gostava da ideia de simplesmente salvar as fotos num CD-ROM ou num pen-drive. Ela era das antigas: precisava montar um álbum.

— Vem, junta aqui e vamos tirar uma foto. Moça, pode tirar uma foto nossa, por favor?

Essa é a lembrança trazida pela foto daquele momento singular na vida da família de Carlos Frederico. Um momento de orgulho de que eles jamais se esquecerão.

SOBRE A ADIÇÃO

A adição é uma das quatro operações básicas da aritmética, junto da subtração, da multiplicação e da divisão. Além destas, também temos a potenciação e a radiciação, completando as operações mais simples. Aqui vamos estudar alguns erros comuns que as pessoas cometem numa conta de adição, e darei dicas para ter rapidez na hora de fazer cálculos aritméticos envolvendo essa operação.

Para começar, observe a adição 194 + 45 a seguir num quadro valor de lugar. Como já falamos no capítulo 1 sobre o sistema de numeração decimal, você não terá dificuldades em entender esse quadro.

centena	dezena	unidade
1	9	4
+	4	5

Repare que, ao efetuar essa conta, temos o famoso "vai um" quando somamos 9 + 4 = 13. Provavelmente, você deixou o 3 na linha do resultado e levou 1 para a coluna da centena de 194, certo? Já pensou por que isso acontece? Num número, em cada posição (unidade, dezena, centena), um algarismo só pode assumir valores de 0 a 9, pois nosso sistema é decimal e tem 10 símbolos. Quando o valor ultrapassa 9 (como nesse caso, que deu 13), temos de carregar a dezena excedente para a casa imediatamente à esquerda. Repare na imagem a seguir:

centena	dezena	unidade		centena	dezena	unidade
1	9	4		^{1} 1	9	4
+	4	5	→ +		4	5
1	13	9		2	3	9

13 dezenas = 1 centena + 3 dezenas
130 = 100 + 30

Ao armar uma conta de adição envolvendo números decimais, um erro muito comum é aplicar a mesma lógica da adição comum, de números inteiros, para a adição decimal. Mas é diferente... Repare num erro que muita gente comete:

$$\textbf{Errado: 13,8 + 5} \longrightarrow \begin{array}{r} \overset{\scriptstyle 1}{13,8} \\ +\ \ 5 \\ \hline 14,3 \end{array}$$

$$\textbf{Correto: 13,8 + 5} \longrightarrow \begin{array}{r} 13,8 \\ +\ 5,0 \\ \hline 18,8 \end{array}$$

É necessário entender que a vírgula, num número decimal, serve para separar a parte inteira do número da parte fracionária. Portanto, quando montar uma adição desse tipo, devemos colocar as vírgulas uma abaixo da outra.

"Mas e se uma das parcelas não tiver vírgula?", você pode se perguntar. Ora, aí basta inserir a vírgula no fim do número, como fazemos com quantias. Em geral, representamos vinte reais como R$ 20,00. Aqueles dois zeros depois da vírgula não fazem a menor diferença e não afetam o valor dos 20 inteiros, certo? Então, podemos acrescentar a vírgula no final de um número inteiro sem problemas. E assim fica muito mais fácil fazer a conta.

Um outro erro acontece no uso da calculadora. Muitas vezes, você precisa calcular números maiores que mil. *Agora perceba!* Jamais aperte o pontinho ou a vírgula no aparelho quando for digitar o número 1 000. A calculadora entenderá como 1,000, que é a mesma coisa que 1 inteiro (uma unidade). Se quiser escrever mil, digite 1000; para um milhão, 1000000. Assim, sequencialmente, sem o uso de pontos ou vírgulas. Apenas os coloque quando o número for decimal, para separar a parte inteira da fracionária. Fica a dica!

Um bom truque quando for efetuar uma adição é observar se um dos termos da conta é um número próximo de um múltiplo de uma potência de 10. Não entendeu? A ideia é simples. O objetivo é que uma das parcelas tenha vários zeros ao final, para facilitar as contas.

Por exemplo, na conta 2 397 + 345, se considerar a parcela 2 397 e adicionar 3 unidades a ela, você chega ao número 2 400, com zeros ao final. Feito isso, basta tomar o cuidado de subtrair 3 unidades da outra parcela para que não se altere o resultado final. Veja a seguir:

$$
\begin{array}{r}
2397 \quad {\scriptstyle +3} \\
+\ 345 \quad {\scriptstyle -3} \\
\end{array}
\longrightarrow
\begin{array}{r}
2400 \\
+\ 342 \\
\hline
2742
\end{array}
$$

Repare que adicionei 3 em cima e subtraí 3 embaixo. Consegue entender o porquê? Ao somar 3 e subtrair 3 ao mesmo tempo, o que fazemos é acrescentar zero ao resultado final, pois +3 - 3 = 0. Portanto, isso não altera o resultado. Faça o teste no seu caderno ou no espaço para anotações ao fim deste capítulo. Efetue normalmente a conta 2 397 + 345, depois reproduza o truque que acabei de ensinar. O resultado foi o mesmo, certo?

Quando dou essa dica, muita gente pergunta: "Mas, Procopio, tem sempre que ser o 3?". Claro que não. Vai depender dos números que estiver calculando. Caso seja uma conta como 49 996 + 3 828, repare que vou precisar usar o 4, pois, se acrescentar esse valor, vou conseguir transformar o 49 996 em 50 000 e deixar uma das parcelas com muitos zeros no final para facilitar. E, claro, como adicionei 4 unidades a uma das parcelas, para manter o resultado igual ao da conta original, devo subtrair 4 unidades da outra parcela. Veja:

$$
\begin{array}{r}
49\,996 \quad {\scriptstyle +4} \\
+\ 3\,828 \quad {\scriptstyle -4} \\
\end{array}
\longrightarrow
\begin{array}{r}
50\,000 \\
+\ 3\,824 \\
\hline
53\,824
\end{array}
$$

Compreendeu? Mais legal que reproduzir o truque é entender o raciocínio por trás, para que faça sentido. E, novamente, treine bastante, pois só a prática intensa vai fazer você ficar fera.

Rafael Procopio ‹ **57**

SOBRE A SUBTRAÇÃO

Assim como a adição, a subtração também é uma operação básica da aritmética. Ela é a operação inversa à adição. Para desfazer
uma adição, é necessário efetuar uma subtração, e vice-versa. A
maioria das pessoas costuma ter poucos problemas para encontrar a soma de dois números, mas, quando o assunto é chegar
ao resto da subtração, aí a coisa muda de figura. A galera muitas
vezes fica confusa quando precisa efetuar uma subtração, parece
que dá um nó na cabeça.

Vejamos alguns erros comuns:

$$\begin{array}{r} 8007 \\ - \ 3289 \\ \hline 5282 \end{array} \qquad \begin{array}{r} 8007 \\ - \ 3289 \\ \hline 2828 \end{array} \qquad \begin{array}{r} 8007 \\ - \ 3289 \\ \hline 4828 \end{array}$$

Conseguiu identificar os erros acima? Você comete algum
deles? Qual é a resposta certa dessa conta? Use uma calculadora para verificar. Agora, vou dar algumas dicas para facilitar
o cálculo numa conta de subtração, começando pela que Carlos
Frederico ensinou no começo deste capítulo.

Muitas vezes precisamos efetuar uma subtração cujo minuendo (o número do qual vamos subtrair uma quantia) é um
número como 6 001, por exemplo. E aí, possivelmente, você vai
cair num longo processo de pedir emprestado desde o 6 até o 1
para, então, conseguir efetuar a conta.

Agora perceba! Se conseguirmos fazer com que o minuendo
tenha muitos noves ao final, a conta fica muito mais fácil e simples. É o mesmo princípio de deixar uma adição com muitos zeros
numa das parcelas. Facilita mesmo! Repare que, se subtrairmos 2
unidades do 6 001, obtemos 5 999, que é muito mais simples. Mas
cuidado! Ao fazer isso, jamais se esqueça de subtrair duas unidades também no subtraendo (a quantia que vamos subtrair), para
que o resultado não se altere. Veja o exemplo seguinte:

$$
\begin{array}{r}
6001 \quad {\scriptstyle -2} \\
-\ 425 \quad {\scriptstyle -2}
\end{array}
\longrightarrow
\begin{array}{r}
5999 \\
-\ 423 \\
\hline
5576
\end{array}
$$

Viu só como facilita? Dá até para treinar o cálculo mental com esse método, é ou não é? Treine muito para ficar craque em fazer subtrações de cabeça! Só muitos exercícios podem tornar você um mestre da aritmética. Matemática não se aprende apenas com a observação de exemplos. Você pode até entender a lógica por trás, mas, para ficar fera mesmo, só se exercitar muito. Lembre-se de que "água mole em pedra dura tanto bate até que fura".

APLICAÇÃO DA ADIÇÃO E DA SUBTRAÇÃO

Já reparou como as contas de adição e de subtração estão presentes em nosso dia a dia? Com elas, calculamos o valor de uma compra, sabemos o quanto receberemos de troco, descobrimos de quantos pontos nosso time precisa para ser líder, estimamos a quantidade de comida e bebida para uma festa e até quanto tempo falta para acabar a aula.

E já parou para pensar como usamos números decimais o tempo inteiro em contas de adição e subtração e, muitas vezes, por negligência ou falta de atenção, erramos por causa de detalhes básicos? Às vezes, erramos uma soma aparentemente simples porque não construímos a conta corretamente. É o que acontece, por exemplo, quando lidamos com unidades de medida, como a de comprimento.

Em muitas situações, esquecemos que, para efetuar cálculos de adição e subtração de medidas, as parcelas da operação precisam estar na mesma unidade. Se uma medida estiver em metros e a outra em centímetros, não basta simplesmente adicionar ou subtrair; é necessário transformar os metros em centímetros, ou vice-versa, para que o resultado seja correto.

Rafael Procopio ‹ **59**

Certa vez, presenciei um adulto dizendo, depois de medir uma criança de uns 5 anos com uma fita métrica: "Caramba, como você cresceu de três meses pra cá! Passou de 103 metros para 106 metros, incrível!". Realmente era incrível. Era uma criança filha de gigantes, só assim faria sentido. A confusão se deu pelo nome ser "fita *métrica*", e a pessoa, inocentemente, entender que a unidade de medida utilizada ali é o metro, quando, na maioria das vezes, é o centímetro. Na verdade, ela queria dizer que a criança passou de 103 para 106 centímetros (ou, em metros, deveria ter dito que passou de 1,03 metro para 1,06 metro).

Agora perceba! O sistema métrico também é decimal. O próprio nome da unidade de medida centímetro já dá pistas de como é o comportamento em relação à unidade padrão, que é o metro.

Existem os múltiplos e submúltiplos do metro, que são unidades maiores e menores que a padrão, respectivamente. Com efeito, os múltiplos do metro são o decâmetro (dam), o hectômetro (hm) e o quilômetro (km); os submúltiplos do metro são o decímetro (dm), o centímetro (cm) e o milímetro (mm). Repare na organização decimal do sistema métrico:

1 km = 1 000 m
1 hm = 100 m
1 dam = 10 m
1 dm = 0,1 m
1 cm = 0,01 m
1 mm = 0,001 m

TRANSFORMAÇÕES ENVOLVENDO UNIDADES DE MEDIDA DE COMPRIMENTO

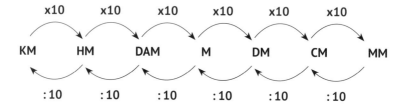

60 › *Sou péssimo em matemática*

Portanto, não cometa mais esse erro na hora de adicionar ou subtrair medidas. Se você está medindo coisas em centímetros, mantenha sempre essa unidade de medida para não dar erro na conta. No final, caso queira converter os centímetros em metros, basta dividir os valores obtidos em centímetros por 100 (lembrando que 100 centímetros formam 1 metro). Com isso, você poderá adicionar ou subtrair as medidas sem medo de errar (desde que faça as contas, principalmente as que envolvem decimais, de maneira correta, como ensinei neste capítulo).

E por que não começar agora? Teste seus conhecimentos com esta questão do Enem PPL 2015 que separei para você!

DESAFIO

Atendendo à encomenda de um mecânico, um soldador terá de juntar duas barras de metais diferentes. A solda utilizada tem espessura de 18 milímetros, conforme ilustrado na figura.

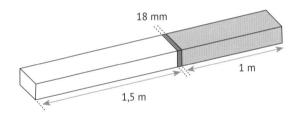

Qual o comprimento, em metros, da peça resultante após a soldagem?

A) 2,0230.
B) 2,2300.
C) 2,5018.
D) 2,5180.
E) 2,6800.

Resposta: (D).
A explicação está disponível no vídeo Enem PPL 2015 Matemática #36.

ANOTAÇÕES DO CAPÍTULO 3:

Rafael Procopio ‹ **63**

4) MULTIPLICAÇÃO

CARLOS FREDERICO E A MULTIPLICAÇÃO COM PAUZINHOS

Domingo de sol em Realengo, zona oeste do Rio de Janeiro. Carlos Frederico já sabia que, num dia como aquele, o churrasco em família era de lei. E como ele se divertia com os primos, os tios e as tias falando alto, competindo com o funk e o pagode que saíam pelas caixas de som e estremeciam as janelas da casa, com as tiradas engraçadas de sua avó paterna, sempre de bom humor. Eram alegres aqueles domingos e o churrasquinho sempre muito gostoso.

Em dado momento, quando sua mãe colocou corações de galinha num espetinho e levou-o à churrasqueira, Carlos Frederico teve uma intuição tão rápida e brilhante que, num pulo, se levantou da cadeira – até assustando os outros – e saiu correndo para pegar uma folha de papel.

Seu Silva, já ciente das habilidades do filho, murmurou:

— Esse moleque deve ter descoberto algum novo truque de matemática!

Dona Silva, recuperada do susto inicial causado pelo barulho da cadeira derrubada pelo filho, tratou de preparar um espetinho bem caprichado para Carlos Frederico, pois sabia que daquela mente genial sairia alguma coisa boa.

Ambos estavam certos. Não levou um minuto e Carlos Frederico voltou com um envelope de fatura de cartão de crédito meio amassado. O espaço para escrever era pouco, mas suficiente para o garoto surpreender a todos presentes no churrasco da família.

— Pessoal, olhe só que legal esse truque que eu descobri para multiplicar dois números!

As pessoas, sem entender bem o que se passava, se reuniram em volta da mesa onde Carlos Frederico se sentou para demonstrar o tal truque.

— Eu vi os espetinhos de coração ali e na hora me toquei de que dava para resolver uma multiplicação usando... é... *pauzinhos*!

A curiosidade tomou conta dos espectadores daquele verdadeiro show. Carlos Frederico começou escrevendo a conta que iria realizar: 23 × 21. Em seguida, desenhou 2 pauzinhos na folha, meio tortos na diagonal, deu um espaço e, ao lado, desenhou mais 3 pauzinhos paralelos aos primeiros.

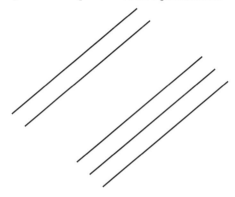

— Esses pauzinhos representam o número 23.

Depois, Carlos Frederico desenhou 2 pauzinhos quase perpendiculares aos outros, na diagonal oposta; deu um espaço e desenhou mais 1 pauzinho paralelo a esses que tinha acabado de desenhar.

— E aqui temos a representação da conta 23 × 21 em pauzinhos.

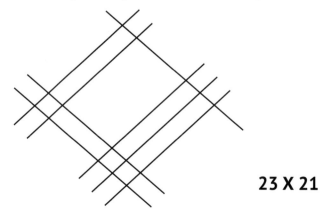

Seu Silva, ansioso pelo desfecho, apressava o filho a resolver logo aquela conta:

— Fred, faça logo essa conta que o coraçãozinho ali vai torrar e virar carvão!

— Vou fazer agora, pai. Saca só!

Carlos Frederico traçou alguns arcos pontilhados ao redor das intersecções que os pauzinhos formavam e anotou os números que descobria. Então, revelou:

— Logo, a conclusão é que 23 × 21 é igual a... 483.

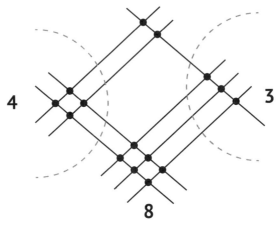

23 × 21 = 483

Algumas pessoas correram para conferir numa calculadora. Para espanto geral, a conta estava certa! Uma salva de palmas tão forte que foi ouvida até a esquina se seguiu àquela demonstração de destreza aritmética de Carlos Frederico. As pessoas se surpreenderam com tanta habilidade com os números e com o truque inspirado pelos espetinhos de coração de Dona Silva.

Seu Silva, querendo expor ainda mais as capacidades matemáticas do filho, propôs um desafio:

— Fred, mas essa conta aí estava muito fácil... Será que dá pra fazer 123 × 321 assim também?

— Claro que dá, pai. É pra já!

Ao ouvir o desafio proposto pelo marido ao filho, Dona Silva logo intercedeu:

— Fredinho, não demora que o coraçãozinho já está pronto!

— Obrigado, mãe. É rapidinho. Só o tempo de esfriar pra não queimar a língua.

E Carlos Frederico repetiu seu esquema de multiplicação com pauzinhos, deixando todos ainda mais admirados com a beleza daquele raciocínio. Ao terminar as contas, ele deixou o papel sobre a mesa, e os familiares sacaram seus celulares para tirar fotos da obra-prima de Carlos Frederico e postar nas redes sociais.

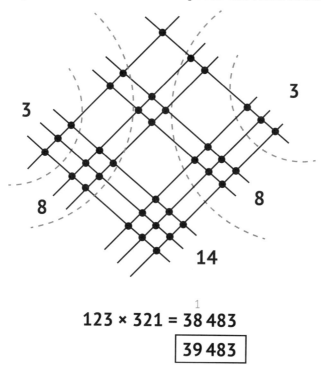

$123 \times 321 = 38\,483$

$\boxed{39\,483}$

Uma dessas publicações logo viralizou e correu o Brasil e até algumas partes do mundo. A genialidade de Carlos Frederico começava a escapar do círculo familiar e se estender por todo o país. Mas o menino nem queria saber. Ele só tinha olhos agora para o tal espetinho de coração, servido com arroz e molho à campanha, preparados por sua mãe com tanto talento.

Rafael Procopio

SOBRE A MULTIPLICAÇÃO E A REGRA DOS SINAIS

Será que você consegue efetuar um cálculo de multiplicação com o truque dos pauzinhos, que alguns dizem que veio da Ásia, assim como o Carlos Frederico fez? Seria muito legal reunir uma galera e mostrar seus dotes com os números. Impressione-os realizando desde contas simples, como 34 × 23, até mais complexas, como 213 × 423. Encare esse desafio!

Como vimos no capítulo sobre a tabuada de multiplicação, essa operação está ligada à adição, já que, por exemplo, 3 × 2 = 2 + 2 + 2 = 6. Vimos também que a ordem dos fatores não altera o produto e que podemos representar 3 × 2 = 2 × 3 = 3 + 3 = 6. Ainda falamos um pouco sobre a propriedade distributiva e como ela é importante na hora de se efetuar cálculos de multiplicação um pouco mais complicados.

Neste capítulo, vou demonstrar alguns truques dessa operação, apontar erros frequentes e trabalhar a regra dos sinais, já que é importantíssimo atentar para esse aspecto ao multiplicar números positivos e negativos.

Mas, antes disso, trago mais uma vez a tabuada de Pitágoras aqui para você completar:

x	1	2	3	4	5	6	7	8	9	10
1										
2										
3										
4										
5										
6										
7										
8										
9										
10										

68 ❯ *Sou péssimo em matemática*

Repare novamente em todas as propriedades da multiplicação presentes na tabuada de Pitágoras. Mas também perceba que só trabalhamos com números positivos. Em nenhum momento precisamos aplicar regra de sinais, assim como no capítulo 3, no qual também não nos preocupamos em estabelecer como funcionaria uma regra de sinais para essas operações quando elas envolvessem números com sinais contrários. Mas está na hora de nos atentarmos a isso.

Para começar, vamos observar o cálculo da subtração 3 - 5 através da reta numérica. Se somarmos números positivos numa reta, devemos avançar para a direita, pois é o sentido para o qual os números crescem. Já se subtrairmos uma quantidade de um número, seja ele qual for, precisaremos caminhar na reta numérica para a esquerda. *Agora perceba!* Esta é a representação de como efetuaríamos o cálculo 3 - 5 na reta numérica:

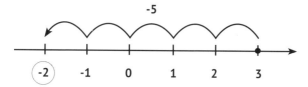

Conseguiu perceber que 3 - 5 = -2? O resultado é um número negativo. Podemos chegar a essa mesma conclusão se pensarmos em dinheiro. Se eu tenho uma quantia, ela é positiva; se eu devo, a quantia é negativa. Então posso dizer, no caso de 3 - 5, que eu *tenho* 3 reais, mas *devo* 5 reais. Qual seria meu saldo, então? Ora, com 3 reais eu pago parte da minha dívida, mas sigo devendo 2 reais. Se eu devo, é negativo. Logo, 3 - 5 = -2.

Daí vem algo mais generalizado que, na minha época de estudante, aprendi como um mantra com o meu professor de matemática:

(1) "Números de sinais IGUAIS somam-se e coloca-se o mesmo sinal."

(2) "Números de sinais DIFERENTES subtraem-se e coloca-se o sinal do número de maior módulo."

E agora você vai me perguntar: "*Módulo*, Procopio? O que é isso?". Módulo é o número sem o sinal. Então, numa adição de números com sinais diferentes, o sinal do resultado será sempre o do número de maior módulo. No nosso exemplo, 3 - 5, o módulo de +3 é igual a 3 (escreve-se | +3 | = 3) e o módulo de -5 é igual a 5 (escreve-se | -5 | = 5). Nesse caso, o número de maior módulo é o -5, por isso a resposta fica negativa.

Então, de novo:

(1) "Números de sinais IGUAIS somam-se e coloca-se o mesmo sinal."

(2) "Números de sinais DIFERENTES subtraem-se e coloca--se o sinal do número de maior módulo."

E talvez agora você esteja se perguntando: "Beleza, mas e a afirmação 1? Quer dizer que menos com menos dá menos? Eu aprendi que menos com menos dá mais, Procopio!". Muita calma nessa hora... Menos com menos só dá mais, ou seja, um resultado positivo, quando você está resolvendo uma multiplicação ou uma divisão. Na adição e na subtração *menos com menos dá menos*, pois "números de sinais iguais somam-se e coloca-se o mesmo sinal".

Logo, podemos dizer que o resultado de -3 - 5, por exemplo, é -8. Repare que os módulos se somam (3 + 5 = 8), mas aplicamos o mesmo sinal de ambos, que é negativo.

O esquema a seguir sintetiza com clareza a regra dos sinais para a adição e a subtração:

70 ❯ *Sou péssimo em matemática*

Repare que, quando os sinais são iguais, a resposta é a soma dos módulos com a permanência do mesmo sinal; quando os sinais são diferentes, a resposta é a subtração dos módulos, com a prevalência do sinal do número de maior módulo envolvido na conta. Muito legal, é ou não é? Assim, você não confunde mais a regra dos sinais da adição e da subtração com a que deve ser aplicada na multiplicação e na divisão.

Na regra dos sinais para a multiplicação (que também serve para a divisão, pelo fato de a divisão ser a operação inversa à multiplicação), temos o seguinte:

(1) "Sinais IGUAIS dá mais."
(2) "Sinais DIFERENTES dá menos."

Pura e simplesmente isso. Nada mais a ser observado. Mas, para você não esquecer, posso ensinar um truque que vai fazer todo sentido. Repare só.

Ter amigos é algo positivo, assim como ter inimigos é negativo, concorda? Portanto, de forma simplória, vale o seguinte:

- O AMIGO do meu AMIGO é meu AMIGO: $(+)(+) = (+)$;
- O AMIGO do meu INIMIGO é meu INIMIGO: $(+)(-) = (-)$;
- O INIMIGO do meu AMIGO é meu INIMIGO: $(-)(+) = (-)$;
- O INIMIGO do meu INIMIGO é meu AMIGO: $(-)(-) = (+)$.

Assim, você consegue perceber melhor a regra dos sinais para multiplicação e divisão. Mas relembro que são duas regrinhas simples:

(1) "Sinais IGUAIS dá mais."

(2) "Sinais DIFERENTES dá menos."

Por exemplo, numa multiplicação cujos fatores sejam -5 e -6, a resposta será +30: (-5) × (-6) = 30. Se forem (-5) × 6, então a resposta será -30, pois os sinais são diferentes.

"E se houver mais de dois fatores numa multiplicação, Procopio?", você pode se perguntar. Pois bem, dessa forma recomendo que você verifique os sinais sempre de dois em dois. Por exemplo, na operação (-3) × (+4) × (-5), primeiro cheque os sinais de cada fator. Repare que o resultado da multiplicação entre -3 e 4 é negativo (-12), porque os sinais que acompanham esses fatores são diferentes. Por sua vez, esse resultado com sinal negativo será multiplicado por -5, portanto menos vezes menos, ou seja, o resultado será positivo (+60, ou simplesmente 60). Agora é só multiplicar os números normalmente para obter que 3 × 4 × 5 = 60 e concluir que a resposta de (-3) × (+4) × (-5) é igual a +60 ou apenas 60, sem sinal. Faça sempre de dois em dois que não tem erro.

E agora que você já sabe a regra dos sinais para a adição, a subtração, a multiplicação e a divisão, é hora de aprender alguns truques de multiplicação que podem facilitar muito a sua vida e fazer você ganhar tempo na resolução de questões em concurso público, Enem, vestibular, na escola ou no dia a dia mesmo. Vem comigo!

TRUQUES DE MULTIPLICAÇÃO

TRUQUE DO 100

O primeiro truque diz respeito à multiplicação de dois números que estão próximos do 100, como 98 × 97. Você conseguiria realizar essa conta com rapidez? Vamos analisar, a princípio, como esse cálculo seria feito da forma tradicional.

72 ❯ *Sou péssimo em matemática*

COMUM: $98 \times 97 =$

$$
\begin{array}{r}
\overset{7}{\cancel{8}} \\
98 \\
\times\ 97 \\
\hline
{}^{1}686 \\
+\ {}^{1}882 \\
\hline
9\,506
\end{array}
$$

DEMORA!!!

Primeiro você arma a conta e faz 98 vezes 7; depois faz 98 vezes 9, mas, provavelmente sem saber o porquê, pula uma casinha para o lado esquerdo e coloca o resultado debaixo da multiplicação anterior. A seguir, efetua a soma e pronto, tem o resultado final.

Já que falamos nisso, por que é preciso pular aquela casinha para a esquerda? Nesse exemplo, para você ter noção, aquele 9 do 97 corresponde a 90, concorda? Logo, não é que você pula uma casinha... É que, sem saber, aquela casinha vazia equivale ao zero da multiplicação por 90. É importante entender que a multiplicação, nesse caso, é feita com base na propriedade distributiva da multiplicação. Na realidade, efetuamos $98 \times (7 + 90)$.

Agora perceba! Há uma maneira bem mais simples – e também divertida – de efetuar a mesma multiplicação. Acompanhe:

$$100 - 98 = -2 \qquad -3 = 100 - 97$$

DIFERENTE: $98 \times 97 = 95\underline{06}$

O truque é o seguinte. Primeiro, determine a diferença de cada fator para o 100 e anote sobre o respectivo fator. Ou seja, $98 = 100 - 2$, portanto, -2 fica sobre o 98; e $97 = 100 - 3$, então escreva -3 sobre o 97. A seguir, escolha o -2 ou o -3 e efetue uma subtração cruzada. Ou você faz $98 - 3$, ou $97 - 2$. Perceba que ambas as subtrações têm o mesmo resultado, que é 95. E esses são os dois primeiros dígitos da resposta: 95_ _.

Eu sei que a resposta terá quatro dígitos porque isso é o que acontece com qualquer multiplicação com fatores ligeiramente menores que 100×100 – afinal, 100×100 é igual a 10 000, que é o primeiro número de cinco dígitos. Resta agora saber quais serão os dois últimos dígitos de 95_ _ para determinarmos a resposta completa. Isso é *muito simples*! Multiplique aqueles restos, ou seja, (-2) × (-3). Você já sabe que menos com menos é mais, portanto, (-2) × (-3) = 6. Mas 6 tem apenas um dígito, e precisamos de dois. Então, basta completar com um zero à esquerda, pois 6 = 06.

Logo, a resposta de 98 × 97 é 9 506. Pratique fazendo várias contas desse tipo para ficar craque!

Agora eu desafio você a calcular 95 × 93 utilizando esse método que acabei de demonstrar. Faça a conta da forma usual, armando e efetuando, e cronometre seu tempo; depois refaça com o truque e também cronometre o tempo. Perceba que, quanto mais treinar, mais rápido vai efetuar multiplicações desse tipo e pode, assim como Carlos Frederico, impressionar as pessoas numa festa com suas habilidades matemáticas.

TRUQUE DAS DIAGONAIS

E se, de repente, eu pedisse para você calcular 654 × 85? Talvez você fosse novamente armar a conta e calcular da maneira tradicional. Beleza, a forma tradicional, se feita corretamente, sempre vai dar a resposta certa. Basta saber a tabuada que tudo ficará bem. Porém, há outra maneira incrível de se efetuar esse cálculo, desta vez com o auxílio da geometria e do desenho de retângulos e diagonais.

Primeiro, como 654 tem três dígitos e 85 tem dois dígitos, monte um retângulo 3 por 2, da seguinte forma:

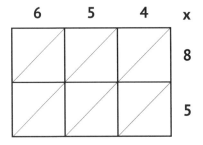

Faça as diagonais de cada quadrado, como na figura. A seguir, calcule as multiplicações, bem mais simples, correspondentes a cada quadradinho e anote os resultados, assim:

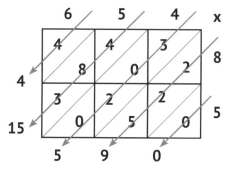

Agora some essas diagonais, para obter os seguintes resultados:

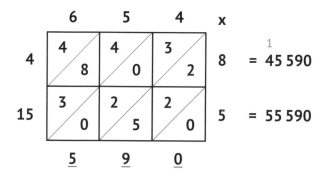

E, finalmente, organize a resposta, levando em consideração que, se um somatório der um número maior que 9, tem que ser feito o famoso "vai um" ou "vai dois" etc. na casa seguinte:

Pronto! Está feita a multiplicação. É muito legal, muito divertido e incrível. Funciona sempre, pode testar com outros valores.

Quer treinar com mais um exemplo? Vamos lá, agora com 321 × 234. Tente fazer sozinho primeiro antes de checar minha resolução.

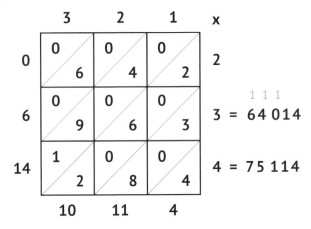

E aí, deu a mesma coisa? A resposta é 75 114? Sensacional!

Faça uma mais difícil agora, como 2 048 × 769. Depois que tentar utilizar esse método, verifique numa calculadora ou efetue de forma tradicional para treinar mais um pouco a tabuada e veja se acertou.

TRUQUE DA TABUADA DO 2

Para finalizar os truques, quero mostrar como é possível usar a tabuada do 2 para facilitar os cálculos de multiplicação quando um dos fatores for um número par. Basta dividir esse fator par por 2 e, ao mesmo tempo, multiplicar o outro fator por 2. Isso não altera o resultado da conta, pois estaremos sempre balanceando: dividindo um dos fatores por 2 e multiplicando o outro por 2.

Acompanhe o exemplo. Vamos calcular 72 × 25. À primeira vista, pode parecer uma conta difícil, mas um dos fatores é um número par, então divida-o por 2 e, simultaneamente, multiplique o outro fator por 2:

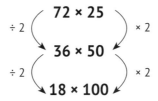

Agora, dos fatores originais, 72 × 25, chegamos aos equivalentes 18 × 100, uma conta bem mais fácil. Percebe-se que o resultado será o 18 seguido de dois zeros vindos do 100, portanto, 72 × 25 = 18 × 100 = 1 800.

Bora fazer mais um? Vamos resolver 64 × 19:

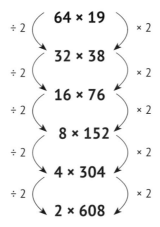

Fazer 2 × 608 de cabeça é bem mais fácil que fazer 64 × 19. O dobro de 608 é 1 216, portanto podemos afirmar que 64 × 19 = 1 216.

Como eu sempre digo, matemática se aprende com muita prática. Sempre que estiver diante de uma multiplicação no seu dia a dia, tente aplicar um desses truques. Divirta-se muito, aprenda bastante e poupe tempo quando estiver realizando alguma avaliação. Afinal, as ferramentas matemáticas servem justamente para isso.

APLICAÇÃO DA MULTIPLICAÇÃO

Já vimos no capítulo 2, sobre a tabuada, que a multiplicação é importante para calcular a área de figuras planas, por exemplo, para determinar a organização de uma sala de aula retangular.

A multiplicação também se aplica a uma operação que aprendemos no ensino médio: o fatorial de um número. Mas, antes de falar sobre ele, é importante relembrar o princípio fundamental da contagem, também conhecido como princípio multiplicativo. Tanto o fatorial de um número quanto o princípio fundamental da contagem fazem parte da análise combinatória, um tópico matemático que desperta muitas dúvidas, mas é fascinante e gera questões interessantíssimas.

É fácil de compreender a lógica do princípio multiplicativo, que está presente até na hora de escolher que roupas levar em uma viagem.

Imagine que alguém está em dúvida sobre que roupas levar em uma viagem. A ideia é levar a menor quantidade de roupas possível, mas ainda assim ter opção para diferentes visuais. O primeiro passo prático para resolver esse dilema é pensar nas combinações possíveis entre as opções disponíveis: três bermudas, seis camisas e quatro sapatos. Aí vem a "matemágica" para ajudar: pelo princípio fundamental da contagem, é possível calcular o número de possibilidades de combinação entre as roupas. A árvore de possibilidades facilita essa visualização:

Bermudas	Camisas	Sapatos
B_1	C_1	S_1
	C_2	
		S_2
B_2	C_3	
	C_4	S_3
B_3	C_5	
		S_4
	C_6	

Se conectar as possibilidades, como na figura seguinte, é possível chegar a um resultado. Mas o que seria mais rápido: calcular uma por uma ou montar uma conta de multiplicação?

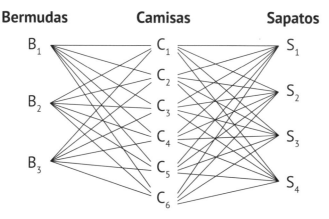

Agora perceba! Cada uma das três bermudas pode ser combinada com cada uma das seis camisas, as quais, por sua vez, podem combinar com cada um dos quatro sapatos. Como queremos saber apenas *quantas* são as combinações, e não *quais* são elas, então, em vez de escrever todas as combinações possíveis para depois calcular o total, fica bem mais simples multiplicar direto:

3 bermudas
6 camisas
4 sapatos

Logo, 3 × 6 × 4 = 72. Levando essas 13 peças, a pessoa terá 72 combinações diferentes para escolher.

Aprender análise combinatória e o princípio fundamental da contagem, portanto, ajuda qualquer um a entender que momentos de indecisão são justificáveis em situações como essa, com tantas opções. São muitas combinações até chegar naquela que é perfeita! Brincadeiras à parte, percebemos claramente como a multiplicação é útil no cálculo das decisões a serem tomadas pelo princípio fundamental da contagem.

Agora vamos voltar ao fatorial de um número. O símbolo dessa operação matemática é o da exclamação (!). Por exemplo, podemos ter 4! (lê-se "quatro fatorial" ou "fatorial de quatro"), e o cálculo é muito fácil, muito simples de entender.

$$4! = 4 \times 3 \times 2 \times 1 = 24$$

Ou seja, basta efetuarmos uma multiplicação pelos números inteiros e positivos menores ou iguais a 4. De forma genérica, podemos dizer que o fatorial de um número natural qualquer n é $n!$ e é a multiplicação de todos os números inteiros positivos menores ou iguais a n.

"Beleza, Procopio... E daí?", você vai se perguntar. De forma bem básica, um bom exemplo para a utilidade do fatorial é calcular a quantidade de maneiras de organizar uma fila indiana com cinco pessoas. Repare que eu tenho que tomar cinco decisões na hora de formar essa fila. Tenho cinco pessoas para escolher para o primeiro lugar da fila, depois quatro pessoas para o segundo lugar, três para o terceiro, duas para o quarto e uma para o quinto lugar. Vamos visualizar o problema e montar o cálculo do fatorial:

FILA → _____ _____ _____ _____ _____
　　　　　1º　　　　2º　　　　3º　　　　4º　　　　5º

FILA → __5__ × __4__ × __3__ × __2__ × __1__ = 5!
　　　　 1º　　　2º　　　3º　　　4º　　　5º

Agora, tente resolver o desafio a seguir com a questão do Enem 2017 e buscar outros problemas para treinar o raciocínio. Assim, você ficará cada vez "menos péssimo" em matemática!

DESAFIO

Uma empresa construirá sua página na internet e espera atrair um público de aproximadamente um milhão de clientes. Para acessar essa página, será necessária uma senha com formato a ser definido pela empresa.

Existem cinco opções de formato oferecidas pelo programador descritas no quadro, em que "L" e "D" representam, respectivamente, letra maiúscula e dígito.

OPÇÃO	FORMATO
I	LDDDDD
II	DDDDDD
III	LLDDDD
IV	DDDDD
V	LLLDD

As letras do alfabeto, entre as 26 possíveis, bem como os dígitos, entre os 10 possíveis, podem se repetir em qualquer das opções. A empresa quer escolher uma opção de formato cujo número de senhas distintas possíveis seja superior ao número esperado de clientes, mas que esse número não seja superior ao dobro do número esperado de clientes. A opção que mais se adequa às condições da empresa é

A) I.

B) II.

C) III.

D) IV.

E) V.

Resposta: **(E)**.
A explicação está disponível no vídeo Enem 2017 Matemática #42.

ANOTAÇÕES DO CAPÍTULO 4:

Rafael Procopio ‹ **83**

5) DIVISÃO

CARLOS FREDERICO E O TRUQUE DA DIVISÃO POR 9

E foi assim que Carlos Frederico descobriu o amor.

Na metade do 2º bimestre do 8º ano do ensino fundamental, uma menina veio de mudança e se matriculou na escola onde ele estudava. Ainda na porta da escola, antes de entrar, ele já tinha se encantado por ela, lançando vários olhares de meio segundo, que logo se perdiam em algum carro, ônibus ou bicicleta que passava na rua movimentada. De repente, seus olhares se cruzaram, e esse instante deu um baita frio na barriga de Carlos Frederico, também as pernas bambearam, as mãos tremeram e o coração pulsou como nunca. Ele não sabia o que estava acontecendo. Nunca havia sentido nada igual.

O sinal tocou, avisando que era a hora de irem para as suas salas. Carlos Frederico, pontual como sempre, foi um dos primeiros a entrar para aguardar a professora Sophia. Aliviado dos tremores e das palpitações, sentou-se confortavelmente na cadeira. No mês anterior, Carlos Frederico aprendera algo sobre plano cartesiano e, desde então, buscou relacionar a posição onde se sentava na classe com as coordenadas (x, y) de um plano cartesiano cuja origem era a porta da sala. Descobriu, com um sorrisinho maroto, que o local onde sempre gostava de sentar, onde tinha a melhor visão do quadro e podia sentir a brisa que vinha da janela lateral, estava localizado no ponto $(4, 2)$, com a abscissa x representando o comprimento do quadro-negro, e a ordenada y, a parede à esquerda do quadro onde Sophia dava o seu show diário de conhecimento.

84 > Sou péssimo em matemática

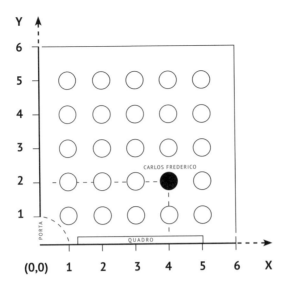

Assim que se sentou, entretanto, algo fez com que Carlos Frederico ficasse de novo ofegante e suando frio. Quem estava entrando pela porta da sala? Ela mesma, a menina por quem perdera o ar antes do sinal. Tinha sido colocada na mesma classe de Carlos Frederico, e ele não conseguia entender se aquilo que sentia era algo bom ou ruim – por enquanto, só sabia que seu coração batia muito rápido, como se tivesse acabado de correr uma maratona.

— Bom dia — disse a menina para toda a turma assim que entrou na sala.

Carlos Frederico ficou mudo. Não conseguia responder com outro cordial bom-dia, embora quisesse muito puxar papo com ela. Mas, ao ouvir a voz doce da menina, não conseguiu parar de olhar para ela, uma sensação muito louca, parecia hipnotizado! Ele só não percebeu que ela caminhava em sua direção, até que, antes de se sentar, perguntou para ele:

— Oi. Tem alguém sentado aqui?

O silêncio tomou conta daquele metro quadrado. O olhar de Carlos Frederico ainda estava vidrado nos olhos da menina.

— Oi? — repetiu ela, sem entender bem o que estava acontecendo.

Rafael Procopio ‹ 85

— Ah... oi... pode — disse Carlos Frederico, meio desnorteado.

— Posso o quê?

— Sei lá... O que você perguntou?

— Se tem alguém sentado aqui.

— Ah tá... Não, acho que não...

Sem perceber, meio desajeitado, Carlos Frederico venceu a timidez e conversou com a garota. O coração batia como bateria de escola de samba, as mãos tremiam de novo, gotas de suor escorriam pela testa dele.

— Você está bem? — perguntou a menina após notar que ele suava.

— Sim, acho que está um pouco quente aqui...

— Eu sou Amanda, prazer.

Neste momento, Amanda se revelava para Carlos Frederico, esperando que ele também lhe dissesse seu nome, mas ficou no vácuo. Então repetiu, em um tom mais alto:

— Eu sou Amanda, prazer.

— Ah. Oi, Amanda. Eu sou Carlos Frederico. Pode me chamar de Fred se quiser.

— Está bem, Fred.

Enfim Sophia chegou e, sem perder muito tempo e aproveitando que era 12 de junho, Dia dos Namorados, colocou uma mensagem bonitinha na lousa antes de começar a aula:

"Na matemática da vida, temos que somar as amizades, dividir as emoções, subtrair as tristezas, multiplicar as alegrias."

— DIEGO NIEMIES

— Turma, aproveitando a deixa de "dividir as emoções", quero dividir com vocês a chegada de uma nova amiga, a Amanda, que veio de Porto Velho, capital de Rondônia, para se juntar a nós. Seja bem-vinda, Amanda!

— Obrigada, professora.

Após agradecer a gentileza de Sophia e receber os cumprimentos dos novos colegas, Amanda virou-se para Carlos Frederico e disparou:

— Ela falou sobre dividir as emoções... Espero que isso não signifique que hoje a aula é sobre divisão... Nunca aprendi isso direito, acho muito difícil.

Foi a chance para Carlos Frederico demonstrar toda a sua destreza com a aritmética e a operação de divisão. Rapidamente ele rasgou um pedaço de papel do seu caderno. Amanda tomou um susto com o barulho e a atitude inesperada de Carlos Frederico, de maneira atrapalhada, tentando pegar um lápis.

— Vou te mostrar um truque molezinha que, além de te ajudar, com ele você ainda pode impressionar seu pai, sua mãe, seus parentes todos. Vai conseguir dividir um número grande por 9 rapidinho! Quer aprender?

— Claro, se é tão fácil assim...

Carlos Frederico armou a conta.

Truque:

$1321101 \div 9$

— Como você resolveria essa conta, Amanda?

— Simples. Eu *não resolveria*.

Os dois riram tão alto que Sophia quis saber o motivo.

— O que houve, Carlos Frederico?

— Nada, professora, estou mostrando um dos meus truques matemáticos para a Amanda, já que a aula ainda não começou.

Sophia, encorajadora como sempre, deu 5 minutos para Carlos Frederico, enquanto ela fazia a chamada.

— Olha só... Vamos começar por esse primeiro algarismo, que é o 1. Eu já vou baixar aqui, pois ele é o primeiro algarismo da nossa resposta.

— Caraca, mas já? — perguntou Amanda, meio desconfiada.

— Calma... Agora que fica legal. Você só precisa saber somar, porque é isso que nós vamos fazer com esses algarismos todos. "Prestenção"!

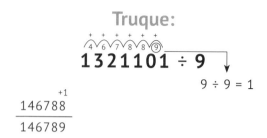

E Carlos Frederico mostrou para Amanda a sequência de somas entre os algarismos do dividendo (1 321 101), e como os resultados dessas adições vão dando os algarismos que formam a resposta: ao somar 1 (primeiro algarismo) com 3 (segundo), dá 4. Depois, somar 4 com 2 (terceiro) dá 6. E assim sucessivamente.

— Só tem um detalhe aqui no finalzinho — disse Carlos Frederico.

— Qual?

— Repare que a última adição (8 + 1) vai dar 9. Você precisa dividir esse resultado por 9, que é o divisor. A resposta dessa divisão (9 ÷ 9) é 1, que vai pra cima do último algarismo da resposta, como se fosse o "vai 1" da adição, entendeu?

— Entendi. Que maneiro!

— E, para finalizar, agora é só efetuar essa adição do "vai 1". Resultado final dessa longa divisão por 9: 146 789.

Se no começo Amanda não estava entendendo muito bem, chegando até a desconfiar de que o tal truque desse certo, no final Carlos Frederico conquistou a admiração da nova colega. Ela ficou literalmente de boca aberta diante daquela demonstração incrível de habilidade matemática. Também achou bacana que ele amasse tanto a matemática e topasse passar adiante seu conhecimento.

— Pode fechar a boca agora. Eu sei que a matemática, de tão linda, deixa a gente boquiaberto.

— Isso é incrível, Fred! Vou fazer esse truque com o pessoal lá de casa e tenho certeza de que todo mundo vai achar o máximo.

"Não, Amanda. Você *já é* o máximo", pensou Carlos Frederico. E, ao olhar mais uma vez para a garota antes do fim daquele primeiro dia de aula, Carlos Frederico descobriu que estava apaixonado.

SOBRE A DIVISÃO

A divisão é, sem dúvida, o tópico matemático que mais deixa as pessoas de cabelo em pé. Muita gente tem dificuldade em efetuar mesmo as contas mais simples dessa operação, chegando a travar diante de uma delas. Um bloqueio que não tem razão de existir.

A divisão é a operação oposta à multiplicação. Ou seja, uma divisão desfaz uma multiplicação. Portanto, se você dominar a tabuada da multiplicação, que praticamos bastante no capítulo 2, não terá dificuldade em dominar também a divisão.

Vamos começar fazendo uma conta pelo método mais tradicional: o da chave.

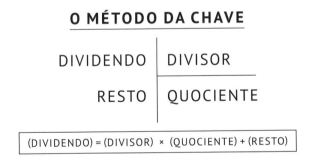

Uma coisa que nem todo mundo faz, mas ajuda muito no cálculo da divisão, é estimar um resultado ainda antes de começar uma conta, ou seja, tentar descobrir, mais ou menos, por aproximação, quanto vai dar o resultado final. E como estimar bem? Tendo conhecimento da tabuada de multiplicação. Repare que, em qualquer divisão, é necessário que o resultado final, o quociente, faça sentido.

Por exemplo, vamos calcular 574 ÷ 7. Sabemos que 100 × 7 = 700, de modo que 574 (o dividendo), por estar razoavelmente próximo de 700, ao ser dividido por 7 (o divisor) tem que dar um resultado razoavelmente próximo de 100, só que menor. Isso é fazer uma estimativa. Depois posso pensar da seguinte forma, rememorando o que aprendemos no capítulo 1, sobre o sistema de numeração decimal e posicional:

574 = 500 + 70 + 4

Ao olhar separadamente para cada um dos algarismos de 574, observamos que o primeiro é 5, portanto menor que o divisor (7), então precisamos levar em consideração também o próximo algarismo e usar o número 57. Ou podemos considerar que 5 ÷ 7, nessa conta específica, é a mesma coisa que fazer 5 centenas divididas em 7 partes. Quantas centenas obtenho ao dividir 5 centenas por 7? Nenhuma, certo? Então 5 ÷ 7 é igual a 0, pois eu não consigo formar nenhum grupo com 7 elementos tendo apenas 5. Como o resultado dessa divisão inicial é 0, os 5 elementos (5 centenas) serão o resto da divisão. Você pode confirmar esse resultado inicial multiplicando 0 por 7 (lembre-se de que, numa multiplicação em que um dos fatores é o 0, o resultado sempre será 0). Repare que, nesse caso, o resultado de 0 × 7 é o número que chega mais próximo de 5 por baixo (isto é, menor ou igual a 5), pois 1 × 7 ultrapassa 5, já que 1 × 7 é 7. Logo, 5 ÷ 7 é igual a 0, com resto igual a 5. Daí, devemos colocar o 0 no quociente, "baixar" o resto 5 na conta e seguir para o próximo algarismo, que é 7. Ficaremos, então, com 57 ÷ 7. Para não perdermos tempo, quando o primeiro algarismo do dividendo for menor que o divisor, já podemos considerar também o próximo algarismo, e assim sucessivamente, até conseguirmos um número no dividendo que seja maior ou igual ao divisor.

Ora, 57 pode ser dividido por 7. Como sabemos a tabuada de cor, logo matamos a charada: o número que multiplicado por 7 gera um resultado mais próximo de 57 é 8 (8 × 7 = 56). Logo, 57 ÷ 7 é igual a 8, mas deixa resto, 1. Podemos agora colocar o 8 no quociente, que é o resultado da divisão, e "baixar" o último algarismo, que é 4. Ficaremos, então, com 14 ÷ 7. Essa conta, como costumo dizer, é muito fácil, muito simples, pois 14 é o dobro de 7. Logo, 14 dividido por 7 é 2. Portanto, colocaremos o 2 no quociente e, já que não há resto dessa vez, a conta está concluída, uma divisão exata, sem resto. Em outras palavras, podemos dizer que 574 é um múltiplo de 7.

centena	dezena	unidade	centena	dezena	unidade
5	7	4			7

centena	dezena	unidade	centena	dezena	unidade
5'	7'	4'			7
5	7		0	8	2
	1	4			
		0			

De fato, se fizermos a conta ao contrário e multiplicarmos o quociente, que deu 82, pelo divisor, que é 7, teremos 82 × 7 = 574, que é o dividendo. Percebeu como a divisão e a multiplicação caminham lado a lado?

DICA

Uma outra forma de resolver a mesma divisão, útil para fazer esse cálculo mentalmente, é usar a propriedade distributiva. *Agora perceba!* Tenha cuidado com esse recurso, pois ele só vale se abrirmos o dividendo como uma soma e distribuirmos a divisão. Jamais faça isso com o divisor. Ficou confuso? Analise comigo um exemplo.

A conta $574 \div 7$ poderia ser entendida como $(560 + 14) \div 7$. Ao recorrermos à tabuada de multiplicação, sacamos que $8 \times 7 = 56$, então podemos deduzir que $80 \times 7 = 560$. Portanto, $560 \div 7 = 80$. E, para finalizar, $14 \div 7 = 2$. Logo, somando 80 com 2, temos a resposta: 82.

Mas *jamais* faça isso com o divisor. Se você fizer $574 \div 7$ como sendo $574 \div (5 + 2)$, por exemplo, e logo a seguir aplicar a distributiva e fazer $574 \div 5$ e depois $574 \div 2$, isso vai dar outro resultado – equivocado –, pois $574 \div 5 = 114,8$ e $574 \div 2 = 287$. Ao somarmos os resultados, encontraríamos como resposta $114,8 + 287 = 401,8$. Esse número está, inclusive, longe das nossas estimativas iniciais, de que $574 \div 7$ deveria dar um número razoavelmente próximo de 100, só que menor.

Um erro frequente que as pessoas cometem em divisão é quando, em algum momento, é necessário colocar 0 no quociente. Por exemplo, pare um minuto a leitura e calcule no espaço do fim do capítulo ou num caderno sem pensar muito: quanto é $6\,144 \div 6$? Só volte com o resultado!

Você encontrou 124 ou 1 024 na resposta?

Se você calculou $6\,144 \div 6$ e encontrou 124 como quociente, sinto informar que você caiu na pegadinha do zero. Já se você encontrou 1 024, beleza, se deu bem!

Esse erro acontece por dois motivos: o primeiro é deixar de estimar o resultado e, com isso, não ter percebido que 124 é um número próximo de 100, mas 6 144, por ser maior que 6 000, ao ser dividido por 6 deveria dar um número próximo de 1 000; o segundo motivo é não ter se ligado no 0 e no fato de que a tabuada do 0 existe.

Qualquer número multiplicado por 0 dá 0. Portanto, se na hora da divisão o dividendo for menor que o divisor, devemos incluir o 0 na jogada. Se você sempre colocar o 0 nessas situações, jamais vai errar.

Vamos tentar de novo. Interrompa a leitura e calcule quanto é 18 027 ÷ 9.

E aí, quanto deu?

Encontrou 23, 203 ou 2 003? Vamos perceber o que aconteceria se sempre usássemos o 0 nos casos em que o dividendo fosse menor que o divisor.

$$\begin{array}{r|l} 1\,8027 & 9 \\ \hline 18 & 0 \\ \end{array}$$

Primeiro iniciamos com o 1 dividido por 9. Repare que 1 é menor que 9, então colocamos o zero no quociente. Como $0 \times 9 = 0$, temos resto 1 e "baixamos" o próximo algarismo, 8.

$$\begin{array}{r|l} 1\,8027 & 9 \\ \hline 18 & 02 \\ 00 & \\ \end{array}$$

A seguir, ficamos com 18 ÷ 9, que é tranquilo de deduzir que o resultado é 2. Colocamos o 2 no quociente e resto 0. Baixamos o próximo algarismo do dividendo, que também é 0.

$$\begin{array}{r|l} 1\,8027 & 9 \\ \hline 18 & 020 \\ 00 & \\ 02 & \\ \end{array}$$

Ora, 0 dividido por 9 dá quanto? Como 0 é menor que 9, dá o próprio 0! Então a gente coloca 0 no quociente e no resto. Baixamos o 2.

$$\begin{array}{r|l} 1\,8\,0\,2\,7 & 9 \\ \hline 1\,8 & 0\,2\,0\,0 \\ 0\,0 & \\ 0\,2 & \\ 2\,7 & \end{array}$$

Agora temos 2 dividido por 9. Sabemos que 2 é menor que 9, portanto o quociente tem que ser 0. E, já que $0 \times 9 = 0$, temos resto 2. Baixamos o último algarismo, que é 7.

$$\begin{array}{r|l} 1\,8\,0\,2\,7 & 9 \\ \hline 1\,8 & 0\,2\,0\,0\,3 \\ 0\,0 & \\ 0\,2 & \\ 2\,7 & \\ 0 & \end{array}$$

Finalmente, temos $27 \div 9$, que é 3, sem resto. Divisão exata.

E a resposta final é que $18\,027 \div 9$ é igual a $2\,003$. Por estimativa, poderíamos ter previsto isso, já que um número próximo de $18\,000$ dividido por 9 deveria ter como resultado algo em torno de $2\,000$. Mas quase ninguém faz essas estimativas. Vocês, leitores e leitoras, a partir de agora, farão. Suas contas precisam fazer sentido!

Mentalmente, poderíamos pensar que $18\,027 \div 9 = (18\,000 + 27) \div 9$. Daí, chegaríamos a $2\,000 + 3 = 2\,003$, que é a resposta final. Bem mais rápido, prático e simples.

Treine em casa. Faça muitas contas de divisão. Só com treinamento você ficará craque na arte de efetuar uma divisão. Pense nas diversas estratégias e alternativas. O próprio cálculo final da divisão pode ser feito pelo método das estimativas.

94 ❯ *Sou péssimo em matemática*

$$\begin{array}{r|l} \mathbf{18027} & \mathbf{9} \\ \hline 18000 & 2000 \\ \hline 27 & +\quad 3 \\ \hline 0 & 2003 \end{array}$$

Repare que, se eu pretendo calcular $18\,027 \div 9$, já percebo que $18\,027$ é próximo de $18\,000$ e jogo no quociente o número $2\,000$, pois sei que $2\,000 \times 9 = 18\,000$. Teremos resto 27. Agora fica tranquilo dividir 27 por 9, pois sabemos que é 3, já que decoramos a tabuada toda. Logo, $2\,000 + 3 = 2\,003$, que é a resposta final.

DIVISÃO ENVOLVENDO NÚMEROS DECIMAIS

Outra dúvida muito comum é sobre como efetuar divisão envolvendo números decimais. A resposta é simples: da mesma forma como efetuamos uma divisão com números inteiros. Como assim? Pois *agora perceba!*

Digamos que eu queira calcular $202,86 \div 9,8$. Como você faria essa conta? Tente primeiro antes de seguir com a leitura.

Tentou? Deu certo? Agora vou mostrar como eu faria.

Repare que, por estimativa, 202,86 está muito próximo de 203 e 9,8 está muito próximo de 10. Dividir por 10 é muito fácil, muito simples: basta andar com a vírgula do dividendo uma casa para a esquerda. Portanto, $203 \div 10 = 20,3$. Bem tranquilo. Daí eu sei que a resposta precisa ser um número próximo de 20,3. Se der qualquer outra coisa muito diferente, está errado.

A seguir, percebo que 202,86 tem duas casas decimais e 9,8 tem uma casa decimal. Qual número tem mais casas decimais? Simples, o 202,86. Logo, para eliminar a vírgula desse número, basta que o multipliquemos por 100, concorda? Multiplicar um número por 100 faz com que a vírgula ande duas casas para a direita, de modo que $202,86 \times 100 = 20\,286,0$ (que é o número

Rafael Procopio ‹ **95**

inteiro 20 286). *Agora perceba!* Se multiplicamos o dividendo por 100, precisamos fazer a mesma coisa com o divisor, para que o resultado da divisão permaneça igual. Portanto, como a vírgula do 9,8 vai andar duas casas para a direita, 9,8 × 100 = 980,0 (que é o número inteiro 980).

Chegamos à conclusão de que efetuar 202,86 ÷ 9,8 é a mesma coisa que efetuar 20 286 ÷ 980, com o mesmo resultado. E assim a gente transforma uma divisão com números decimais em uma divisão com números inteiros, que é mais fácil de realizar.

Só que agora você vai reclamar comigo: "Ai, Procopio, eu só decorei a tabuada do 1 ao 10... Quer dizer que agora preciso saber a tabuada do 980?". Lógico que você não precisa saber a tabuada do 980, mas precisa saber multiplicar 980 por 1, por 2, por 3 etc. Bem tranquilo, é ou não é?

Agora, podemos começar a divisão. Do número 20 286, o primeiro algarismo é o 2. Note que 2 é menor que 980, podemos colocar o 0 no quociente e pegar o próximo algarismo. Temos, então, 20, que ainda é menor. Colocamos outro 0 no quociente e seguimos adiante. Chegamos a 202, que também é menor que 980, então mais um zero no quociente, e partimos para 2 028. Ora, o fato de 980 estar perto de 1 000 dispara o alarme da estimativa na mente e nos faz deduzir que 2 028 ÷ 980 é igual a 2. De fato, 980 × 2 = 1 960. Logo, de 1 960 para 2 028, temos resto 68. Podemos colocar 2 no quociente e baixar 6. Agora temos 686 ÷ 980. *Agora perceba!* Essa divisão, você agora está cansado de saber, dará 0, já que 686 é menor que 980. O resto será o próprio número 686. Para prosseguir com a divisão, agora precisamos acrescentar uma vírgula no quociente. Esse procedimento está bem explicadinho numa sequência de três vídeos do Matemática Rio lá no YouTube ("Divisão com números decimais ou divisão com vírgula no dividendo"). Teríamos agora de colocar um zero à direita do resto, ficando com 6 860 ÷ 980. Rapidamente verifico que 6 860 está próximo de 7 000 e que, provavelmente, será 7. De fato, 980 × 7 = 6 860. E agora, finalmente, com resto 0, acabou a conta.

96 › *Sou péssimo em matemática*

$$\begin{array}{r|l} 20286 & 980 \\ \hline 686 & 00020,7 \\ 6860 & \\ 0 & \end{array}$$

Conclusão: 202,86 ÷ 9,8 = 20 286 ÷ 980 = 20,7. Repare que a estimativa inicial foi uma resposta em torno de 20,3. Na verdade, deu 20,7, bem próximo do valor deduzido inicialmente. Logo, a conta fez sentido. Se desse algo muito diferente disso, digamos 2,7 ou 207, então eu saberia que algo de errado não está certo. ☺

Agora você sabe que uma divisão envolvendo números decimais pode facilmente se tornar uma divisão com números inteiros, o que facilita bastante o processo.

DICA

Agora um truquezinho maroto para economizar tempo numa questão de concurso, Enem, vestibular, na escola ou numa continha de padaria.

Já parou para pensar como o número 5 é especial? Pois ele está relacionado com os números 10 e 2, já que 5 = 10 ÷ 2. Portanto, conseguimos rapidamente, de maneira fácil, multiplicar e dividir qualquer número por 5. E a ideia é a mesma: vamos partir do fato de que 5 é a metade de 10 (ou 10 é o dobro de 5).

Para multiplicar um número por 5 rapidamente, basta acrescentar um 0 ao final desse número e depois calcular sua metade. Bem rápido e prático!

Exemplo: 47 × 5.

Colocando um zerinho no final, o 47 vira 470. E a metade de 470 é 235. E é isso. Pronto. Fim. *C'est fini. The end.* Rápido e prático.

Ao adicionar o 0 no final, estamos multiplicando o número por 10; e ao calcular a metade, estamos dividindo por 2. Ora,

Rafael Procopio ‹ **97**

multiplicar por 10 e depois dividir por 2 é a mesma coisa que multiplicar por 5, concorda? Por isso funciona sempre!

$$47 \times 5 = 47 \times \boxed{\dfrac{10}{2}} \rightarrow \text{pois } 10/2 = 5$$

ao multiplicar por 10 acrescenta-se um 0 ao final e
ao dividir por 2 calcula-se a metade

Já para dividir um número por 5, o processo é o inverso: primeiro dobramos o número e depois andamos com a vírgula uma casinha para a esquerda.

Veja o exemplo: $376 \div 5$.

Ora, o dobro de 376 é 752. Andando com a vírgula uma casa para a esquerda, chegamos ao resultado 75,2. Prontinho. Muito legal, é ou não é? Bem fácil, rápido e prático.

Isso funciona sempre, pois dobrar o número e deslocar a vírgula uma casa para a esquerda significa que primeiro multiplicamos por 2 e depois dividimos por 10. E você vai concordar comigo que 2/10 é igual a 1/5 (um quinto, a quinta parte de alguma coisa). E 1/5 de algo é a mesma coisa que dividir por 5.

Agora teste em casa e tente descobrir outros truques!

SOBRE OS CRITÉRIOS DE DIVISIBILIDADE

Você sabia que dá para saber de antemão se um determinado número é divisível por 2, por 3, por 4 etc.? São os famosos critérios de divisibilidade. Trabalharemos apenas com números naturais, que são aqueles números inteiros positivos e o 0 (ou seja, o conjunto {0, 1, 2, 3, 4, ...}). E aqui você ainda terá um bônus incrível! Eu não costumo ver por aí ninguém ensinar o critério de divisibilidade por 7, alegando que é muito complexo. Mas aqui eu mostro como é – e já adianto que é bem tranquilo. Preparado? Vamos lá.

Divisibilidade por 0: É impossível dividir por 0. Você decretaria o fim do mundo se efetuasse uma divisão por 0. Sempre que perceber que há um 0 como divisor numa conta, a resposta será *"impossível"*. Faça uma conta de divisão por 0 numa calculadora e veja o resultado.

Divisibilidade por 1: Todos os números, sem exceção, são divisíveis por 1. E a resposta da divisão é sempre o dividendo, já que o 1 é o elemento neutro da divisão. Dividir por 1 não altera o valor de nenhum número.

Divisibilidade por 2: Um número é divisível por 2 se ele for par. Simples assim. Números ímpares nunca serão divisíveis por 2 sem deixar resto. A própria definição de número par diz que é todo número múltiplo de 2. Bem fácil. O conjunto dos números naturais pares eu deixo aqui para você: $\{0, 2, 4, 6, 8, ...\}$.

Divisibilidade por 3: Para ser divisível por 3, a soma dos algarismos de um determinado número precisa também ser divisível por 3. Fácil de entender também. Por exemplo, o número 456 é divisível por 3, já que $4 + 5 + 6 = 15$, e 15 é divisível por 3; já o número 59 não é divisível por 3, uma vez que $5 + 9 = 14$, e 14 não é divisível por 3. *Agora perceba!* Muita gente acha que, pelo fato de um número par ser sempre divisível por 2, isso significa que todo número ímpar é divisível por 3, mas isso não é verdade, e é fácil mostrar exemplos: o número 59 é ímpar e não é divisível por 3. O número 1 é ímpar e não é divisível por 3, assim como também 7, 11, 13 e infinitos outros. E há números pares que são divisíveis por 3, tais como 6, 12, 18 e 24.

Lembre-se: basta que a soma dos algarismos resulte um número divisível por 3. Caso a soma fique difícil de verificar, basta repetir o processo. Por exemplo, na checagem se o número 9 864 é divisível por 3, ao somar os algarismos, temos $9 + 8 + 6 + 4 = 27$. A essa altura, se você não sabe que 27 está na tabuada do 3, é o resultado de 3×9, volte já para o capítulo 2 e pratique mais tabuada até decorá-la. Se por acaso você não percebeu de cara, dá para seguir com o processo e fazer $2 + 7 = 9$. Assim você conclui que 9 é divisível por 3, logo, o número 9 864 também é.

Um exercício legal para praticar a regra de divisibilidade por 3 é somar os algarismos de qualquer número. Numa compra que fizer no mercado, na padaria, no posto de gasolina, analise o valor final e já faça o somatório dos algarismos para saber se a divisão por 3 será exata. Eu tenho essa mania, acho que não sou muito normal...

Divisibilidade por 4: Obrigatoriamente, para ser divisível por 4, um número precisa ser par também. Mas não basta apenas isso. A metade do número em questão também deve ser um número par. Logo, divida o número por 2 e analise o resultado. Se a metade for um número par, então o número original é divisível por 4; se a metade for ímpar, então o número original não é divisível por 4.

Como exemplo, podemos pegar os números 456 e 322. Repare que a metade de 456 é 228, que é um número par. Logo, 456 é divisível por 4 com toda certeza. *Agora perceba* que a metade de 322 é 161, que é ímpar. Portanto, 322 não é divisível por 4.

O fato de o número 100 ser divisível por 4, já que $100 = 4 \times 25$, indica que todo número terminado com 00 também é. Outra condição é se os dois últimos algarismos do número forem divisíveis por 4, então ele todo também será. Veja os exemplos 300 e 736, ambos divisíveis por 4: 300 porque termina em 00, e 736 porque 36 é múltiplo de 4. Já um número como 542, por terminar em 42, que não é múltiplo de 4, não será divisível por 4.

Divisibilidade por 5: Talvez um dos critérios mais fáceis de todos. Para que um número seja divisível por 5, basta que termine em 0 ou em 5. Já reparou na tabuada do 5? O algarismo final do produto sempre se alterna entre 0 e 5. Se nunca reparou, analise-a agora mesmo. É bem interessante. Se o 5 estiver sendo multiplicado por um número par, certamente termina em 0; se for por um número ímpar, pode apostar que terminará em 5.

Portanto, o número 2 135 é divisível por 5, já que termina em 5; já o número 423 não atende a nenhuma das duas condições. Muito fácil, muito simples.

Divisibilidade por 6: A divisibilidade por 6 conjuga as regras de divisibilidade por 2 e por 3, ou seja, a soma dos algarismos do número em questão precisa ser divisível por 3 e, além disso, o número precisa ser par. Isso acontece porque 6 é igual a 2 × 3.

O número 186, por exemplo, é divisível por 6, já que ele é par e a soma dos seus algarismos, 1 + 8 + 6 = 15, é divisível por 3. Já o número 783 não é divisível por 6. Apesar de a soma dos algarismos ser 7 + 8 + 3 = 18, um número divisível por 3, 783 não é par, logo, não é divisível por 2, portanto também não será por 6.

Divisibilidade por 7: Hora da polêmica – critério de divisibilidade por 7... Quase nenhum livro didático ou professor em sala de aula aborda a divisibilidade por 7, criando uma aura misteriosa em torno desse número. De fato, não é das regras mais simples, mas também está longe de ser muito difícil de entender. Caso você queira saber se um número é divisível por 7, siga estes procedimentos:

> Dobre o último algarismo do número em questão;

> Calcule a diferença entre o número que sobrou sem o último algarismo e o dobro desse último algarismo;

> Repita esses passos até chegar a um número menor, que você consiga calcular de cabeça se é múltiplo de 7. Assim, poderá concluir se o resultado final é ou não divisível por 7.

> Um exemplo vai deixar mais claro. Vamos lá. Será que o número 9 275 é divisível por 7?

DIVISIBILIDADE POR 7

$$9\,27\boxed{5} \text{ é divisível por } 7\,?$$
$$5 \times 2 = 10$$
$$927 - 10 = 917$$

Primeiro, vamos dobrar o último algarismo, que é 5. O dobro de 5 é 10. O número que restou sem o 5 é 927. Agora basta calcular a diferença entre 927 e 10: 927 - 10 = 917. Ainda não tenho certeza se 917 é divisível por 7, então repito o processo.

O último algarismo é 7, o dobro de 7, 14. O número que restou sem o 7 é 91. Agora calculamos a diferença: 91 - 14 = 77.

Rafael Procopio ‹ **101**

Claramente, entendemos que 77 é um número divisível por 7, portanto o número original 9 275 também é.

DIVISIBILIDADE POR 7

9 1 7 é divisível por **7** ?

$\longrightarrow 7 \times 2 = 14$

$\longrightarrow 91 - 14 = \mathbf{77}$ ✓

Tranquilo de fazer e de entender, sim ou não?

Mais um exemplo? Bora! O número 628 é divisível por 7?

O dobro de 8, que é o último algarismo, é 16. O número que restou sem o 8 é 62. A diferença: 62 - 16 = 46. Claramente, o número 46 não é múltiplo de 7 (não está na tabuada do 7). Logo, tenho certeza de que o número original 628 também não é divisível por 7. Pode efetuar a divisão e verá que não será exata.

Muito legal, não é? Aqui com o Procopio você aprende o que tentam esconder de você a vida inteira. E o que é melhor: de maneira muito fácil, muito simples. Treine em casa com uma lista de números aleatórios. Caso você tenha achado o critério de divisibilidade por 7 muito complicado, lembre-se de que sempre há a opção de efetuar a divisão diretamente para verificar se um número é divisível por 7 ou não.

Divisibilidade por 8: Como 8 = 2 × 2 × 2, podemos repetir o critério de divisibilidade do 2 por três vezes. Ou seja, para que seja divisível por 8, um número, inicialmente, precisa ser par. Além disso, sua metade precisa ser par. E a metade da metade também precisa ser par.

Como exemplo, vamos analisar o número 256. Ele é par, então atendeu à primeira exigência. Sua metade é 128, que é par. A metade de 128 é 64, que também é par. Logo, 256 é divisível por 8 com toda certeza.

Será que o número 324 é divisível por 8? Vejamos. Ele é par, beleza, começamos bem. A metade de 324 é 162, que também é par. Já sei que dá para dividir por 4, é ou não é? Mas a metade de 162 é 81, que é ímpar. Logo, como a metade da metade de 324 é ímpar, ele não é divisível por 8.

O fato de 1 000 ser um número divisível por 8, já que 1 000 = 8 × 125, indica que, se um número terminar em 000, ele será divisível por 8. Além disso, se os três últimos algarismos de um número forem divisíveis por 8, então o número completo também será.

Essa é uma condição interessante para um número grande. Para saber se 34 256 é divisível por 8, basta analisarmos o final 256, do qual já conferimos que a metade da metade dá 64, que é par. Logo, 34 256 também é divisível por 8, pois seus três últimos algarismos o são.

Divisibilidade por 9: O critério de divisibilidade por 9 segue a mesma lógica do critério de divisibilidade por 3, já que 9 = 3 × 3. Ou seja, para que um número seja divisível por 9, a soma dos seus algarismos precisa ser um múltiplo de 9. Ou, ainda, um número é divisível por 9 quando a soma dos seus algarismos sempre puder ser reduzida a 9. Repare só.

Vamos checar se 927 é divisível por 9? Somando os algarismos, temos 9 + 2 + 7 = 18. Como sei que 18 é divisível por 9, logo, 927 também será. Mas, caso haja dúvida, podemos sempre reduzir a soma dos algarismos a 9, continuando com o processo: 9 + 2 + 7 = 18, e 1 + 8 = 9. Sempre que a soma dos algarismos de um número for se reduzir a 9, o número original será divisível por 9. Muito fácil, muito simples.

Divisibilidade por 10: Para finalizar, um número é divisível por 10 quando termina em 0. Simples assim. Uma vez que 10 = 2 × 5, o critério de divisibilidade por 10 deve obedecer aos mesmos do 2 e do 5, ou seja, ser número par e terminar em 0 ou 5. Como é impossível um número par terminar em 5, então ele será divisível por 10 se terminar em 0. Acho que nem precisamos de exemplos, né?

Dá para seguir encontrando os critérios de divisibilidade de outros números: 11, 12, 13... Mas, se dominar os critérios do 2 ao 10, já será um ótimo começo!

Rafael Procopio ‹ **103**

APLICAÇÃO NO CÁLCULO DE PORCENTAGEM

Uma aplicação direta do cálculo de divisão ocorre nas frações. Uma fração é sempre uma indicação de que o número de cima (numerador) é o dividendo, e o número de baixo (denominador) é o divisor. É basicamente isso. Uma vez que você compreende uma fração, fica fácil também entender melhor o conceito de porcentagem. O próprio nome "porcentagem" dá uma pista do que se trata: é uma divisão "por cem" (ou por cento). Em outras palavras, a porcentagem é uma fração que permite comparar um número com 100.

Logo, quando estamos diante de uma porcentagem, digamos de 35%, é a mesma coisa que escrever uma fração cujo numerador é 35 e o denominador é 100. Muito fácil, muito simples. Repare só:

$$35\% = \frac{35}{100}$$

Agora perceba! É possível simplificar a fração 35/100. Isso é feito quando se determina que numerador e denominador são ambos divisíveis por um mesmo número em comum. No caso de 35 e 100, é fácil perceber, pelas regras de divisibilidade vistas neste capítulo, que são ambos divisíveis por 5. Portanto, podemos escrever 35% da seguinte forma:

$$35\% = \frac{35}{100} = \frac{7}{20}$$

Essa prática é importante, pois facilita muito no cálculo de porcentagens notáveis, aquelas que mais se usam no dia a dia e que costumam cair em concursos, por exemplo. As porcentagens mais usuais e notáveis são: 1%, 5%, 10%, 20%, 25%, 50%, 75% e 100%. Ao compreendermos a simplificação das frações, podemos calcular rapidamente essas porcentagens.

Para calcular 1% de alguma coisa, basta efetuar a divisão por 100. No capítulo 1, falamos sobre as potências de base 10, certo? Pois um dos truques mais manjados de divisão diz respeito a quando os divisores (ou denominadores da fração) são potências de base 10: 10, 100, 1 000, 10 000, 100 000, 1 000 000 etc. Quando for dividir um número qualquer por uma potência de base 10, basta andar com a vírgula do dividendo (ou numerador da fração) para a esquerda na mesma quantidade de zeros da potência de base 10 em questão.

Continuamos com o 35%, que é a mesma coisa que $35 \div 100$ ou, em forma de fração, 35/100. Dividir 35 por 100 é o mesmo que pegar a vírgula do 35 e andar duas casas (pois o 100 tem dois zeros) para a esquerda. "Mas que vírgula, Procopio? Não estou vendo vírgula alguma no 35." Calma. É que 35 é um número inteiro, então a vírgula fica oculta, não precisa ser escrita explicitamente. Mas sabemos que 35 equivale a 35,0 (zeros à direita não têm valor e não modificam a grandeza representada por 35). Logo, $35 \div 100$, ou 35/100, é 0,35.

$$35\% = 35 \div 100 = \frac{35}{100} = 0,35$$

Agora perceba! O número decimal 0,35 lê-se como "trinta e cinco centésimos", o que nos faz deduzir que é equivalente a escrever a fração 35/100, que também se lê "trinta e cinco centésimos". Perceba que a fração equivalente (7/20) também gera o mesmo número decimal como resposta. Vamos efetuar a divisão de 7 por 20? Tente fazer aí no seu caderninho. Segue a minha conta para você conferir.

$$
\begin{array}{r|l}
70 & 20 \\
\hline
-60 & 0,35 \\
\hline
100 & \\
0 & \\
\end{array}
$$

Viu? Deu o mesmo resultado. Isso quer dizer que $7 \div 20$ é equivalente a $35 \div 100$. Quando representados em forma de fração, posso dizer que 7/20 equivale a 35/100.

Entendido isso e também que 1% nada mais é que uma divisão por 100 (e que precisamos apenas andar com a vírgula do dividendo ou do numerador da fração duas casas para a esquerda), vamos a um exemplo de cálculo de 1%.

Quando alguém investe dinheiro no mercado financeiro, um cenário muito bom é o que apresenta de retorno 1% de juros ao mês. Superar essa marca é difícil, mas essa é a meta. Então, se num determinado momento o investidor tem R$ 1 500,00 aplicados e conseguiu alcançar a meta de 1% de juros no mês, para saber quanto ele ganhou basta calcular quanto é 1% de R$ 1 500,00. Agora você já sabe que é uma conta muito fácil, muito simples:

$$1\% \text{ de } R\$ \ 1\,500,00 = R\$ \ 15,00$$

Vira multiplicação

$$\frac{1}{100} \times 1500 = 15$$

Repare que, para calcular 1% de R$ 1 500,00, bastou dividir 1 500 por 100 (e nesse caso bastou cancelar os zeros ou andar com a vírgula duas casas para a esquerda). Tranquilão!

Calcular 5% de alguma coisa, agora você já sabe deduzir, corresponde a dividir por 20. Como assim? Faça as frações equivalentes:

$$5\% = \frac{5}{100} = \frac{1}{20}$$

Como 5% é a mesma coisa que 1/20, para calcular 5% de algo, basta dividir por 20, o que é muito fácil, muito simples. Imagine que você esqueceu de pagar a fatura do cartão de crédito e que na fatura seguinte a multa seja de 5% do valor da fatura anterior. Se o valor desta era R$ 1 500,00, vamos calcular a multa:

106 ❭ *Sou péssimo em matemática*

$$\frac{1\,500}{20} = 75,00$$

Nesse cenário, a multa a pagar na fatura do mês seguinte seria de R$ 75,00. Aliás, fica a dica: evite se endividar no cartão de crédito! Os juros dessa modalidade são os mais altos e aqueles que nos fazem ficar mais e mais endividados. "Mas Procopio, não teve jeito, isso já aconteceu, o que eu faço?" A matemática vai dizer que é melhor você fazer um empréstimo que tenha juros menores que os praticados pelo cartão. Você vai apenas trocar uma dívida por outra, mas a do empréstimo será menos prejudicial para a sua saúde financeira que a do cartão, pode ter certeza. Equilibre seus gastos, faça uma planilha para evitar a sangria de dinheiro, pague suas dívidas e comece de novo. É difícil, mas é algo que precisa ser feito.

Agora você já descobriu o macete da porcentagem. Para calcular 10% de alguma coisa, basta procurar uma fração equivalente:

$$10\% = \frac{10}{100} = \frac{1}{10}$$

Ou seja, basta efetuar uma divisão por 10. Como 10 é uma potência de base 10 ($10 = 10^1$), tudo o que você precisa fazer é andar com a vírgula uma casa para a esquerda. Então 10% de R$ 1 500,00 seria igual a $1\,500 \div 10 = 150$. A resposta é R$ 150,00. Facílimo!

Para 20%, o raciocínio é o mesmo. Vamos buscar uma fração simplificada que seja equivalente a 20%:

$$20\% = \frac{20}{100} = \frac{1}{5}$$

Quer mais? Então tem mais: 20% equivale a 1/5, ou seja, basta dividir por 5; 25%, seguindo a mesma lógica, corresponde a 1/4. Para calcular 25% de alguma coisa, basta dividir por 4. Para 50%, é muito fácil, muito simples, e todos temos a noção de que é a metade de alguma coisa. De fato, 50% é o mesmo que 50/100 = 1/2, que é a fração que representa a metade. Logo, para calcular 50% de alguma coisa, basta dividir por 2. Já 75% é igual a 3/4, ou seja, basta dividir por 4 e multiplicar o resultado por 3. Só isso. E, finalmente, 100%, que é a unidade, já que $100 \div 100 = 1$. Muita gente vê 100% como o todo e está correto: 100% é o valor total de alguma coisa.

Essas dicas sobre o cálculo de porcentagem são maneiríssimas, é ou não é? Conforme você for ficando mais familiarizado com esse conteúdo, pode encontrar muitas outras dicas no Matemática Rio, no YouTube. Estude, estude bastante! Pode começar por esta questão do Enem 2016, o desafio deste capítulo.

DESAFIO

Diante da hipótese do comprometimento da qualidade da água retirada do volume morto de alguns sistemas hídricos, os técnicos de um laboratório decidiram testar cinco tipos de filtros de água.

Dentre esses, os quatro com melhor desempenho serão escolhidos para futura comercialização.

Nos testes, foram medidas as massas de agentes contaminantes, em miligrama, que não são capturados por cada filtro em diferentes períodos, em dia, como segue:

- Filtro 1 (F1): 18 mg em 6 dias;
- Filtro 2 (F2): 15 mg em 3 dias;
- Filtro 3 (F3): 18 mg em 4 dias;
- Filtro 4 (F4): 6 mg em 3 dias;
- Filtro 5 (F5): 3 mg em 2 dias.

Ao final, descarta-se o filtro com a maior razão entre a medida da massa de contaminantes não capturados e o número de dias, o que corresponde ao de pior desempenho.

O filtro descartado é o

A) F1.   B) F2.   C) F3.   D) F4.   E) F5.

Resposta: **(B)**. A explicação está disponível no vídeo Enem 2016 Matemática #44.

Disponível em: www.redebrasilatual.com.br. Acesso em: 12 jul. 2015 (adaptado).

ANOTAÇÕES DO CAPÍTULO 5:

110 ❯ *Sou péssimo em matemática*

6) POTENCIAÇÃO

CARLOS FREDERICO E A SOMA
DOS NÚMEROS ÍMPARES

Alguns meses depois de conhecer Amanda, Carlos Frederico estava em casa, pensativo. Refletia sobre a escola, sobre sua vida e sobre o que o levara até ali. Percebia que todos os acontecimentos estavam interligados. Lembrou-se de um filme muito louco que assistiu uns anos antes chamado *Efeito borboleta*. E pensou nos passos que Amanda dera desde o nascimento até aquele encontro de olhares na entrada da escola.

Era quase meia-noite, e Carlos Frederico estava com insônia. Inquieto. Ativo. A cabeça fervilhava de ideias e sonhos. E Amanda fazia parte de todos eles. O garoto descobria o que é estar apaixonado, mesmo que fosse ainda apenas uma paixão platônica, isto é, que só existia em suas ideias. Como era muito responsável, sabia que precisava dormir para estar bem-disposto no dia seguinte e poder conversar mais uma vez com Amanda. Lembrou-se de que seus pais, quando ele era mais novo, o ensinaram a fechar os olhos e contar carneirinhos para conseguir pegar no sono.

E Carlos Frederico fazia exatamente isso. Depois, ele aprendeu que os pastores de ovelhas, no passado, usavam pedrinhas para contabilizar a quantidade de animais e que aquelas pedrinhas, em latim, eram chamadas de cálculo. E passou a entender por que cálculo renal tinha esse nome. Mas, certa vez, antes dessa descoberta, disse para Dona Silva, após ficar sabendo que o pai havia tido esse problema de saúde:

— Mamãe, eu gosto tanto de matemática que queria ter cálculo renal!

— Pare de falar besteira, garoto! Já para o banho!

— Mas eu só queria que meus rins calculassem tão bem quanto meu cérebro, mamãe.

— Garoto, cálculo renal é a mesma coisa que pedra nos rins. Tem nada a ver com matemática, não...

— E por que se chama cálculo, então, mamãe?

— E eu sei lá, garoto! Vá tomar banho e pare de perguntar tanto!

Carlos Frederico tinha uma curiosidade aguçada e odiava ficar sem respostas. Conversou com professores, procurou no Google, leu bastante e entendeu que calcular era o ato de relacionar a quantidade de pedrinhas à quantidade de carneiros. E foi daí que surgiram os cálculos aritméticos.

Mas, naquela noite de insônia, Carlos Frederico queria adormecer de outra maneira. Decidiu, em vez de contar carneirinhos, desenhar pontinhos numa folha de papel quadriculada. Pintou um quadradinho da folha com caneta azul, produzindo um quadrado 1 × 1.

Logo depois, completou o quadrado seguinte, pintando três quadradinhos em volta daquele original com caneta preta e formando agora um quadrado 2 × 2.

A seguir, pintou mais cinco quadradinhos com caneta vermelha, e agora tinha um quadrado grande 3 × 3.

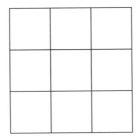

De repente, Carlos Frederico pôs a mão no queixo e observou o que tinha feito... Resolveu pintar mais alguns quadrados para formar o quadradão 4 × 4.

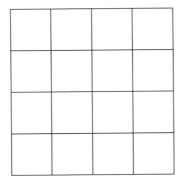

Acreditava que precisaria pintar exatamente mais sete quadrados em volta dos outros. E ele estava certo. De novo com a caneta azul, preencheu mais sete quadradinhos e chegou ao quadradão 5 × 5.

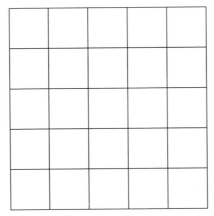

Na mesma hora sorriu. Havia descoberto um padrão incrível. Carlos Frederico percebeu que:

$$1 = 1 \times 1 = 1^2$$

O primeiro número ímpar é igual a 1 elevado ao quadrado.

$$1 + 3 = 4 = 2 \times 2 = 2^2$$

A soma dos dois primeiros números ímpares é igual a 2 elevado ao quadrado.

$$1 + 3 + 5 = 9 = 3 \times 3 = 3^2$$

A soma dos três primeiros números ímpares é igual a 3 elevado ao quadrado.

$$1 + 3 + 5 + 7 = 16 = 4 \times 4 = 4^2$$

A soma dos quatro primeiros números ímpares é igual a 4 elevado ao quadrado.

E ele agora tinha certeza de que a próxima sequência seria:

$$1 + 3 + 5 + 7 + 9 = 25 = 5 \times 5 = 5^2$$

Ou seja, a soma dos cinco primeiros números ímpares é igual a 5 elevado ao quadrado. Incrível. Fantástico. Sensacional.

Ele precisava contar isso para a Amanda e para a professora Sophia. Em vez de pegar no sono, Carlos Frederico agora estava mais acordado que nunca. Ele descobriu, do nada, que a soma dos n primeiros números ímpares é igual a n^2. E ainda por cima entendeu que o expoente ^{2} é chamado de "quadrado" porque ele calcula a área de um quadrado de lado n.

As horas passaram rapidamente. Carlos Frederico tentava organizar os papéis e seus devaneios matemáticos de uma forma mais clara. Quando olhou para o relógio, seis da manhã. Hora de ir para a escola. Estava cansado? Que nada! Queria contar logo a sua descoberta.

— Professora, descobri que a soma da sequência dos números ímpares gera sempre um quadrado perfeito!

— Como assim, Fred? Quem ensinou isso pra você? Nós ainda nem chegamos nesse assunto!

— Ninguém me ensinou, professora. Descobri sozinho. A senhora já sabia disso?

— Que legal, Fred! Eu fico muito feliz em ver que você está avançando nos estudos em matemática. Sim, esse fato é conhecido há milênios e é muito legal mesmo.

Sophia analisou o desenho e as anotações de Carlos Frederico e ficou toda orgulhosa por ter um aluno tão talentoso como aquele em sala de aula, que a incentivava a ser uma profissional melhor a cada dia.

Quando Amanda chegou, Carlos Frederico não perdeu tempo e foi correndo até ela.

— Amanda, a sequência da soma dos quadrados são ímpares perfeitos!

— Quê? Tá doido, garoto?

— Não, não... digo... A soma da sequência dos números ímpares é sempre um quadrado perfeito!

— Não tô entendendo nada! Fala português, Fred!

E ele passou alguns minutos explicando para Amanda sua descoberta. Ela parecia inspirá-lo a cada dia. Era algo mútuo: ela se encantava em vê-lo com os olhos brilhando por ter descoberto algo sozinho em matemática; ele gostava de vê-la sorrir e se admirar com a matemática a cada nova descoberta que fazia. Além disso, Amanda dominava as matérias de humanas como ninguém, e ajudava Carlos Frederico a crescer também nessa área. Era Carlos Frederico nas exatas e Amanda nas humanas: um dava forças ao outro e iam cada vez mais longe.

Rafael Procopio ‹ **115**

SOBRE A POTENCIAÇÃO

Considerando que você já domina a multiplicação (assim espero a esta altura), fica muito fácil compreender a potenciação, pois ela nada mais é que uma sequência de multiplicações de um número por ele próprio. Como assim? Observe as potências de base 3 do exemplo:

$3^1 = 3$ (o 3 repete-se uma única vez)

$3^2 = 3 \times 3 = 9$ (o 3 repete-se duas vezes na multiplicação)

$3^3 = 3 \times 3 \times 3 = 27$ (o 3 repete-se três vezes na multiplicação)

$3^4 = 3 \times 3 \times 3 \times 3 = 81$ (o 3 repete-se quatro vezes na multiplicação)

E assim por diante.

O número em fonte maior, que se repete, é chamado de base; o número em fonte menor, elevado em relação à base (o que chamamos de sobrescrito), é o expoente, que indica quantas vezes se repete aquela base na multiplicação. Nada muito complicado. Muito fácil, muito simples.

Aí você pode me perguntar: "Tá, Procopio, você colocou ali os expoentes 1, 2, 3, 4... Mas o que acontece se o expoente for 0 ou, ainda, se o expoente for um número negativo?".

É uma ótima pergunta, e vou revelar isso para você agora. Vamos analisar as potências de base 3 começando do 3^4 e decrescendo o expoente até chegarmos a 0, -1, -2 etc. O que será que vai acontecer? Será que há uma lógica por trás disso? Pois repare só:

$3^4 = 3 \times 3 \times 3 \times 3 = 81$

$3^3 = 3 \times 3 \times 3 = 27$

$3^2 = 3 \times 3 = 9$

$3^1 = 3 = 3$

Sou péssimo em matemática

Está percebendo o que vai acontecer? Se não está, eu digo. Repare que em 3^4 a base 3 se repete quatro vezes na multiplicação. Para que o 3^4 vire o 3^3, ou seja, para que o expoente diminua uma unidade, é necessário dividir por 3, concorda? Lembre-se de que, para se desfazer uma multiplicação, é necessário efetuar uma divisão, pois, como já vimos, são operações opostas. Portanto, $(3 \times 3 \times 3 \times 3) \div 3$ faz com que se simplifique um 3 do dividendo com o 3 do divisor. Logo, $(3 \times 3 \times 3 \times 3) \div 3 = 3 \times 3 \times 3 = 3^3$.

A mesma coisa acontece quando passamos de 3^3 para 3^2. Basta dividir 3^3 por 3. No passo seguinte, de 3^2 para 3^1, novamente dividimos por 3.

Tendo em vista que $3^1 = 3$ e que, para passarmos de 3^1 para 3^0, precisamos dividir por 3, temos que:

$$3^0 = \frac{3}{3} = 1$$

É isso mesmo! 3^0 é igual a 1. Quando observamos o expoente 0 numa potenciação, estamos diante de uma divisão de um número por ele próprio. E, sempre que dividimos um número por ele mesmo, o resultado é 1 – com exceção do $0 \div 0$, que tem resultado indeterminado.

Portanto, não titubeie. Toda vez que você vir um cálculo de potenciação em que a base está elevada ao expoente 0 (e é diferente de 0), coloque sem medo que a resposta é igual a 1.

$$3^0 = 1$$
$$4^0 = 1$$
$$10^0 = 1$$

"Mas e com os expoentes negativos, dá pra pensar assim também, Procopio?" Claro que dá! É o mesmo raciocínio. Vamos seguir a mesma lógica:

$$3^4 = 3 \times 3 \times 3 \times 3 = 81$$

$$3^3 = 3 \times 3 \times 3 = 27 = \frac{3^4}{3}$$

$$3^2 = 3 \times 3 = 9 = \frac{3^3}{3}$$

$$3^1 = 3 = \frac{3^2}{3}$$

$$3^0 = 1 = \frac{3^1}{3}$$

Continuando a sequência, o próximo expoente seria -1:

$$3^{-1} = \frac{1}{3} = \frac{3^0}{3}$$

E depois viria o expoente -2:

$$3^{-2} = \left(\frac{1}{3}\right)^2 = \frac{1}{9} = \frac{3^{-1}}{3}$$

E assim por diante, sempre dividindo o resultado da potenciação anterior pela base. Repare que, quando o expoente é negativo, basta inverter a base para que se torne positivo, permitindo efetuar o cálculo de forma mais simples.

Repare também que, quando efetuamos uma conta como $3 \div 3$, estamos de fato calculando $3^1 \div 3^1$. Podemos pensar também em $3^2 \div 3^2$ ou, ainda, $5^3 \div 5^3$. Estamos dividindo um número por ele próprio. E em todos os casos teremos o expoente 0 e o resultado 1.

$$\frac{3^1}{3} = 3^0 = 1$$

$$\frac{3^2}{3^2} = 3^0 = 1$$

$$\frac{5^3}{5^3} = 5^0 = 1$$

"Procopio, é como se os expoentes do dividendo e do divisor se subtraíssem. Isso acontece sempre?"

A resposta é *sim*. Na divisão de potências de mesma base podemos sempre conservar o valor da base e subtrair o valor dos expoentes. Essa é uma das propriedades da potenciação. Vejamos todas elas:

PROPRIEDADE 1: MULTIPLICAÇÃO DE POTÊNCIAS DE MESMA BASE

Conserva-se a base e somam-se os expoentes. Simples assim. Exemplo:

$$2^3 \times 2^4 = (2 \times 2 \times 2) \times (2 \times 2 \times 2 \times 2) = 2^{(3+4)} = 2^7$$

Repare que a propriedade se justifica exatamente pela quantidade de vezes que a base 2 se multiplica por ela própria. Tranquilo de entender, não é?

Só não cometa o erro comum de multiplicar 2 com 2 e acabar encontrando 4^7 como resultado. O valor da base não se altera.

PROPRIEDADE 2: POTÊNCIA DE POTÊNCIA

Conserva-se a base e multiplicam-se os expoentes. Observe no exemplo:

$$(3^2)^3 = 3^{(2 \times 3)} = 3^6$$

Isso acontece pelo seguinte motivo: a potenciação é uma série de multiplicações de um número por ele próprio, certo? Portanto, imaginando o 3^2 que está dentro dos parênteses como sendo a base, então teríamos de multiplicar por ele mesmo três vezes, que é o valor do expoente que está fora dos parênteses.

$$(3^2)^3 = 3^2 \times 3^2 \times 3^2$$

Ora, mas acabamos de aprender na propriedade 1 que, quando temos multiplicação de potências de bases iguais, devemos conservar a base e adicionar os expoentes.

$$3^2 \times 3^2 \times 3^2 = 3^{(2+2+2)} = 3^{(2\times3)}$$

Tranquilo de entender, é ou não é?

PROPRIEDADE 3: PRODUTO ELEVADO A UMA POTÊNCIA

No caso de uma multiplicação em que ambos os fatores estejam dentro dos parênteses e haja um expoente fora, podemos distribuir esse expoente entre os fatores, conforme o exemplo:

$$(2 \times 3)^4 = 2^4 \times 3^4$$

É fácil de entender quando você se lembra de que a potenciação é uma série de multiplicações da base, que no caso é 2×3, por ela própria. Ou seja:

$$(2 \times 3)^4 = (2 \times 3) \times (2 \times 3) \times (2 \times 3) \times (2 \times 3)$$

Observe que, pela propriedade comutativa e associativa da multiplicação, posso escrever aquele produto como sendo:

$$(2 \times 3)^4 = (2 \times 3) \times (2 \times 3) \times (2 \times 3) \times (2 \times 3) =$$
$$(2 \times 2 \times 2 \times 2) \times (3 \times 3 \times 3 \times 3)$$

Por conseguinte, fica fácil constatar que:

$$(2 \times 3)^4 = 2^4 \times 3^4$$

Esse método é útil, pois pode ser mais fácil calcular 2^4 e 3^4 do que calcular 6^4 (o que teríamos caso calculássemos primeiro a multiplicação dentro dos parênteses).

PROPRIEDADE 4: DIVISÃO DE POTÊNCIAS DE MESMA BASE

Quando temos uma divisão de potências cujas bases são iguais, e diferentes de 0, conservamos a base e efetuamos a subtração dos expoentes (o contrário da multiplicação, na qual se somam os expoentes). Observe:

$$\frac{5^7}{5^3} = 5^{7-3} = 5^4$$

Quando abrimos as potências do numerador e do denominador (em cima e embaixo) naquela fração, observamos o seguinte:

$$\frac{5^7}{5^3} = \frac{5 \times 5 \times 5 \times 5 \times 5 \times 5 \times 5}{5 \times 5 \times 5}$$

Repare que é possível simplificar esse cálculo, pois podemos "cortar" três fatores 5 de cima com três fatores 5 de baixo, gerando:

$$\frac{5^7}{5^3} = \frac{5 \times 5 \times 5 \times 5 \times 5 \times 5 \times 5}{5 \times 5 \times 5} = 5 \times 5 \times 5 \times 5 = 5^4$$

Daí percebemos que, ao contrário da multiplicação de potências de bases iguais, na qual agregamos novos fatores, na divisão de potências de bases iguais eliminamos alguns fatores, o que justifica a subtração. E é por isso que qualquer número elevado ao expoente 0 é igual a 1, pois teremos a mesma potência no dividendo e no divisor e dividiremos um número por ele próprio, como no exemplo:

$$\frac{7^3}{7^3} = 7^{3-3} = 7^0 = 1$$

Assim fica simples de enxergar, não é mesmo?

PROPRIEDADE 5: POTÊNCIA COM EXPOENTE NEGATIVO

Quando temos uma base diferente de 0, elevada a um expoente negativo, fica muito fácil, muito simples: basta inverter a fração para que o expoente, como mágica, vire positivo (e com expoentes positivos sabemos lidar, certo?). Já até vimos esse exemplo algumas páginas atrás.

Mas, é claro, na matemática nada acontece por mágica. Há sempre uma explicação lógica por trás. É como eu sempre digo: precisa *fazer sentido*. E a explicação é bem simples: tem a ver com o que acabamos de aprender sobre a divisão de potências de bases iguais. Veja o exemplo:

$$\frac{7^3}{7^5} = 7^{3-5} = 7^{-2}$$

Repare que no exemplo temos uma divisão de potências de mesma base, que é 7. Então conservamos a base 7 e subtraímos os expoentes, obtendo 3 - 5 = -2, um expoente negativo. Ao mesmo tempo, temos a seguinte situação:

$$\frac{7^3}{7^5} = \frac{7 \times 7 \times 7}{7 \times 7 \times 7 \times 7 \times 7} = \frac{1}{7 \times 7} = \frac{1}{7^2} = \left(\frac{1}{7}\right)^2$$

Daí percebemos que, se

$$\frac{7^3}{7^5} = 7^{3-5} = 7^{-2}$$

e, ao mesmo tempo,

$$\frac{7^3}{7^5} = \frac{7 \times 7 \times 7}{7 \times 7 \times 7 \times 7 \times 7} = \frac{1}{7 \times 7} = \frac{1}{7^2} = \left(\frac{1}{7}\right)^2$$

podemos concluir que

$$7^{-2} = \left(\frac{1}{7}\right)^2$$

Da mesma forma, temos que

$$\left(\frac{2}{5}\right)^{-2} = \left(\frac{5}{2}\right)^{2}$$

Basta inverter a base que o expoente negativo vira positivo e podemos operar normalmente.

PROPRIEDADE 6: DIVISÃO ELEVADA A UMA POTÊNCIA

Você se lembra da propriedade 4, da multiplicação elevada a uma potência? Pois aqui é o seguinte: se tivermos uma divisão inteira entre parênteses, elevada a um expoente fora dos parênteses, então podemos, assim como na multiplicação, elevar tanto o dividendo quanto o divisor àquele expoente. Veja o exemplo:

$$\left(\frac{5}{2}\right)^{2} = \frac{5^{2}}{2^{2}}$$

E pronto! Bem simples de compreender. Se tivermos uma fração inteira elevada a um expoente negativo, como em $(3 \div 2)^{-2}$, a resolução é muito simples. Basta, como já aprendemos na propriedade 5, inverter a fração que o expoente ficará positivo. Conforme essa última propriedade que aprendemos, teremos:

$$\left(\frac{3}{2}\right)^{-2} = \left(\frac{2}{3}\right)^{2} = \frac{2^{2}}{3^{2}} = \frac{4}{9}$$

Bem tranquilo. E fica ainda mais simples se você praticar bastante! Busque exercícios em livros didáticos ou até mesmo pela web. Pratique, verifique o gabarito e busque explicações. No canal Matemática Rio há um monte de vídeos onde explico em detalhes essas propriedades.

ERRO COMUM

Um erro que muita gente comete quando trabalha com potenciação é, por exemplo, no cálculo de -3^2. Pense rápido você aí, meu leitor e minha leitora. Quanto você acha que dá -3^2? Será que dá igual a $+9$ ou -9?

As pessoas confundem muito isso. A resposta certa é -9, negativo mesmo. Mas o mais comum é as pessoas responderem $+9$, pois elas aprendem que, sempre que o expoente de um número é par, a resposta será positiva. E não está errado, desde que o sinal também esteja elevado a essa mesma potência. Veja que -3^2 é diferente de $(-3)^2$. Percebeu a diferença?

Ao calcularmos -3^2, apenas o número 3 está elevado ao expoente 2; o sinal de menos não está. Por isso calculamos $-3^2 = -3 \times 3 = -9$ e conservamos o sinal de menos na frente. Já ao calcularmos $(-3)^2$, repare que o número que está sendo elevado ao quadrado é o número -3 todo, incluindo o sinal de menos. Está tudo dentro dos parênteses. A presença dos parênteses ali indica sobre o que o expoente 2 agirá. Por isso, temos $(-3)^2 = (-3) \times (-3) = +9$, pois, pela regra dos sinais que já estudamos aqui, na multiplicação, "menos com menos dá mais".

Por isso, fica a dica do Procopio: observe sempre a presença ou não dos parênteses, pois eles afetam no resultado final da conta!

APLICAÇÃO NOS JUROS COMPOSTOS

Você investe seu dinheiro? E seus pais, irmãos, tios...? Sabia que aquelas moedinhas guardadas no cofrinho de casa poderiam estar trazendo mais dinheiro para você e sua família? E que o dinheiro guardado na poupança poderia render ainda mais?

Pois é, e entender potenciação pode ser útil na hora de pensar em investir o seu suado dinheirinho.

Uma coisa que aprendi nos últimos anos é que a poupança, apesar de ser um investimento muito seguro e dar um certo rendimento mensal, não é a melhor opção para aplicar suas economias. Há possibilidades melhores e tão seguras quanto ela. Mas, antes de falar dessas opções e fazer simulações utilizando a potenciação, preciso te mostrar um gráfico.

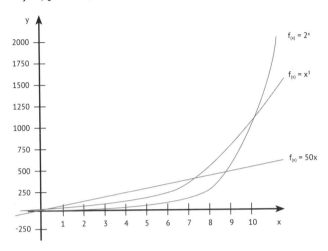

Agora perceba! O gráfico mostra três funções matemáticas: uma função linear, que multiplica um valor variável x por 50; uma função polinomial do terceiro grau, que eleva um determinado valor variável x ao cubo (multiplica por ele próprio três vezes); e uma função exponencial, onde a variável x está no expoente da base 2. Perceba que, comparando as três funções, a exponencial sempre cresce mais rápido depois de um tempo (e bota rápido nisso!).

Vamos fazer um exercício mental. Se oferecessem estas duas possibilidades para ganhar dinheiro, qual você escolheria?

(1) Ganhar R$ 1 000,00 por dia, ao longo de 30 dias seguidos;

(2) Ganhar R$ 0,01 no primeiro dia e dobrar os valores a cada novo dia, ao longo de 30 dias seguidos.

Não sei qual alternativa você escolheu, mas é tentador demais pensar na primeira, não é mesmo? Afinal são mil reais por dia ao longo de um mês! Resolveria o problema de muita gente. Sem investir o dinheiro, nem nada, você garantiria 30 mil rapidamente.

Mas pense um minutinho sobre a segunda proposta... Façamos as contas.

R$ 0,01 no primeiro dia;
R$ 0,02 no segundo dia (o dobro do dia anterior);
R$ 0,04 no terceiro dia (o dobro do dia anterior);
R$ 0,08 no quarto dia;
R$ 0,16 no quinto dia...

Não parece muito promissor, não é verdade? Mas tenha calma... Esse é o lance legal do crescimento exponencial. Repare que, a cada dia, será depositado na sua conta o dobro da quantia do dia anterior. O tempo é o seu maior aliado aqui. Dê tempo ao tempo. E sigamos contando:

R$ 0,32 no sexto dia;
R$ 0,64 no sétimo dia;
R$ 1,28 no oitavo dia...

Será que eu preciso fazer a conta dia após dia? Não. Até daria para fazer, e eu estimulo você a fazer isso, caso queira comprovar na força bruta. Mas há ferramentas dentro da matemática que nos permitem efetuar esse cálculo de forma rápida e precisa. Quando temos um crescimento exponencial dessa forma, podemos dizer que estamos diante de uma progressão geométrica (diferentemente da primeira proposta, com mil reis por dia, em que temos uma progressão aritmética). Sabemos que são trinta dias de crescimento exponencial, que o valor dobra a cada dia e que o primeiro pagamento é de um centavo. É tudo de que precisamos para compor o somatório da grana depositada nesses dias todos. Para isso, vamos usar a fórmula da soma dos termos de uma progressão geométrica finita:

$$S_n = a_1 \frac{q^n - 1}{q - 1}$$

S_n é o resultado da soma da progressão geométrica de n termos (o que queremos calcular); a_1 é o primeiro termo da sequência (0,01); e q é a razão dessa sequência (no nosso caso é 2, pois os valores dobram a cada dia). Repare que precisamos calcular apenas contas de multiplicação, divisão, potenciação e subtração. Tranquilo. Substituindo esses valores, temos:

$$S_n = 0{,}01 \, \frac{2^{30} - 1}{2 - 1}$$

Resolvendo isso (dá para usar uma calculadora científica para ajudar), temos como resultado incríveis R\$ 10 737 418,23. Isso mesmo que você leu: dez milhões, setecentos e trinta e sete mil, quatrocentos e dezoito reais e vinte e três centavos. Ao final de trinta dias, você estaria multimilionário. Duvida? Faça as contas na força bruta, dobrando as quantias a cada dia, depois efetue a soma do que ganhou em todos os dias.

Isso dá uma boa noção do que é o crescimento exponencial. Começa lento, devagar, parece que não vai dar em nada, mas de repente o negócio desanda a crescer e não para mais. Por isso que é difícil conquistar o primeiro milhão de reais, mas o segundo nem tanto; o terceiro milhão é menos difícil que o segundo; e assim por diante. É a velha máxima que diz que "dinheiro chama mais dinheiro".

Infelizmente, o mesmo princípio do crescimento exponencial serve para as dívidas que se acumulam também. Elas viram uma espécie de bola de neve, que vai crescendo rapidamente com o tempo.

Esse exemplo é uma bela demonstração do poder da potenciação, é ou não é? Quando o expoente da potenciação varia de forma a crescer com o passar dos dias e meses, das duas, uma: ou você está muito enrascado com dívidas, ou está de bem com a vida, com dinheiro rendendo.

Voltando à simulação do capítulo 5 de rendimentos de 1% ao mês em aplicações financeiras, vamos checar quanto renderia

Rafael Procopio ‹ **127**

uma aplicação inicial de 5 mil reais após os períodos de 1 ano, 5 anos, 10 anos e 30 anos. Lembro aqui que o regime de remuneração dos investimentos é o de juros sobre juros, ou juros compostos, que é o que faz a diferença no longo prazo. Também sugiro que opte por fazer aportes mensais em vez de colocar uma quantia só uma vez, para que se crie um hábito saudável de poupar sempre. O cálculo a seguir é só para você ter um gostinho de como funcionam os juros compostos. Claro que, quanto mais dinheiro economizar, quanto mais aportes fizer ao longo dos anos, maior será o montante final.

Vamos lá. Partimos de um depósito de 5 mil reais num investimento em que você não mexeu mais, com retorno de 1% ao mês. Provavelmente, uma aplicação financeira com essa característica irá superar a inflação. No fim das contas, nosso objetivo é sempre bater a inflação, para termos um rendimento real e o dinheiro valer mais ao longo do tempo.

A fórmula utilizada para calcular é a de juros compostos, que tem tudo a ver com o crescimento exponencial já mostrado aqui e, consequentemente, com potenciação.

$$M = C \, (1 + i)^t$$

"Procopio, o que significam essas letras? Estou confuso!" Calma... é fácil de entender. O M é o montante, o valor final após calcularmos os juros compostos sobre C, que é o capital investido. Aquele 1 seria 100% do capital investido, e i é a taxa de juros mensais (há investimentos cuja remuneração é diária, mas aqui vamos considerar apenas o valor mensal, ok?). Finalmente, o t, que é o principal elemento dessa fórmula e também da nossa vida, o tempo. Ele é o nosso bem mais precioso, pois só flui numa única direção e não temos como recuperá-lo. Trate bem o tempo e dê a ele a devida importância. Olha só, Procopio também é filosofia!

No nosso exemplo, M é o valor final com os rendimentos aplicados nos períodos de 1 ano, 5 anos, 10 anos e 30 anos; C é o capital de 5 mil reais inicialmente investido; i corresponde a 1% de rendi-

128 › *Sou péssimo em matemática*

mento mensal (lembre-se de que 1% na forma decimal é 0,01); e *t* é a variável do tempo (12 meses, 60 meses, 120 meses e 360 meses):

R$ 5 000,00 por 1 ano (12 meses):

$$M = 5\,000 + 0{,}01 \cdot 12 = 5\,634{,}13$$

Deixando o dinheiro por 1 ano no investimento fictício, teríamos R$ 5 634,13 ao final do período.

R$ 5 000,00 por 5 anos (60 meses):

$$M = 5\,000\,(1 + 0{,}01)^{60} = 9\,083{,}48$$

Ao longo de 5 anos, o montante final após o período seria R$ 9 083,48, ou seja, quase o dobro do valor investido.

R$ 5 000,00 por 10 anos (120 meses):

$$M = 5\,000\,(1 + 0{,}01)^{120} = 16\,501{,}93$$

Se a grana ficar investida por 10 anos com essa taxa de 1% ao mês, o resgate seria de mais de R$ 16 000,00, mais que o triplo do investimento inicial.

R$ 5 000,00 por 30 anos (360 meses):

$$M = 5\,000\,(1 + 0{,}01)^{360} = 179\,748{,}21$$

Veja que impressionante! Após 30 anos, se você esquecer 5 mil reais numa aplicação financeira que renda cerca de 1% ao mês, você terá incríveis R$ 179 748,21. Isso mesmo, quase 200 mil reais. Esse é o poder do tempo sobre os juros compostos.

Como expliquei antes, o cenário ideal e mais rentável é aquele em que você aplica com regularidade e deixa o tempo agir, com paciência. Sugiro que você estude as diversas opções de investimento e busque a melhor opção tanto para sua reserva de emergência e algumas quantias que você pode querer usar em curto prazo (em compras, viagens, presentes...) quanto para

Rafael Procopio ‹ **129**

aquele dinheiro que você deixará investido por vários anos, rendendo no regime de juros sobre juros ao longo do tempo.

Numa época em que a discussão sobre aposentadoria está em alta, pode ser importante saber criar uma reserva para o futuro. E, para isso, nada melhor do que utilizar conhecimentos matemáticos básicos a nosso favor, é ou não é?

Tente resolver o próximo desafio, retirado do Enem 2016 (3ª aplicação), e continue praticando a potenciação.

DESAFIO

O padrão internacional ISO 216 define os tamanhos de papel utilizados em quase todos os países, com exceção dos EUA e Canadá. O formato-base é uma folha retangular de papel, chamada de A0, cujas dimensões são 84,1 cm × 118,9 cm. A partir de então, dobra-se a folha ao meio, sempre no lado maior, obtendo os demais formatos, conforme o número de dobraduras. Observe a figura: A1 tem o formato da folha A0 dobrada ao meio uma vez, A2 tem o formato da folha A0 dobrada ao meio duas vezes, e assim sucessivamente.

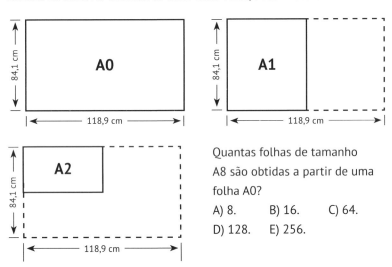

Quantas folhas de tamanho A8 são obtidas a partir de uma folha A0?

A) 8.   B) 16.   C) 64.
D) 128.   E) 256.

Resposta: **(E)**.
A explicação está disponível no vídeo Enem 2016 3ª Aplicação Matemática #37.

ANOTAÇÕES DO CAPÍTULO 6:

132 > *Sou péssimo em matemática*

7) RADICIAÇÃO

CARLOS FREDERICO E O SÍMBOLO DA RAIZ QUADRADA

Carlos Frederico, por ser um amante da matemática, sempre buscou a beleza da Rainha das Ciências em tudo. Depois que conheceu Amanda, então, aí que a sua busca se tornou incessante. Tudo para impressioná-la!

Além de estudar matemática, Carlos Frederico também se aventurava em aprender outro idioma. A partir do que estudava na escola, buscava novos conteúdos para se aprimorar e ter cada vez mais conhecimento. Era um autodidata. Quando conseguia unir a ciência exata com o idioma inglês, ficava extremamente satisfeito. Até descobriu um meme bem bonito na internet:

$$128\sqrt{e\,980} \qquad I\,LOVE\,YOU$$

Ele sempre pensou que o símbolo da raiz quadrada era uma letra V estilizada. Ao relacionar com o "A" de Amanda, percebeu que a letra "V" também parecia um "A" ao contrário. Então, resolveu lhe dedicar aquele meme, cheio de referências às três coisas que ele gostava muito (matemática, inglês e Amanda). Ainda tinha a mística do número 3, que Carlos Frederico e outros matemáticos consideravam mágico por ter diversas propriedades interessantes (se quiser saber mais, tem um vídeo no Matemática Rio sobre isso: "3 é um número mágico").

Carlos Frederico, então, não pensou duas vezes. Chegou mais cedo ao colégio, entrou na sala de aula, pegou seu caderno, lápis e borracha, abriu-o na última folha (ele tinha fixação por desenhar e escrever pensamentos nas últimas folhas dos cader-

Rafael Procopio ‹ **133**

nos) e desenhou a expressão $128\sqrt{e980}$. Fez isso a lápis, porque queria que, ao mostrar para Amanda, ela apagasse a metade superior para revelar a frase em inglês tão icônica: "I Love You". Para facilitar, Carlos Frederico usou uma régua e desenhou uma linha para dividir a metade superior da metade inferior daquela linda declaração de amor.

Amanda chegou. O coração de Carlos Frederico começou a bater mais forte e suas bochechas coraram. A menina fitou-o por alguns segundos enquanto entrava na sala, e o brilho no olhar foi recíproco. Aquele sorriso de canto de boca denunciava que o amor estava no ar, um sentimento muito bonito que um nutria pelo outro. Amanda sentou-se ao lado de Carlos Frederico, e o atrito da cadeira com o chão fez um leve barulho, o suficiente para que Carlos Frederico voltasse à realidade. Ele fechou o caderno rapidamente, como uma reação involuntária. Amanda ficou curiosa e perguntou o que estava escrito naquela folha.

— Deixa eu ver, Fred.

— Sim, eu deixo. Mas só depois de te olhar mais um pouquinho.

E cumpriu o que prometeu. No minuto seguinte, Carlos Frederico abriu seu caderno na última folha e revelou aquela expressão matemática estranha para Amanda.

$$128\sqrt{e980}$$

— O que é isso, Fred? É pra eu simplificar?

— Sim. Mas você vai simplificar de um jeito diferente.

— Como assim?

— Em vez de resolver e tentar calcular a raiz quadrada para depois efetuar a multiplicação, quero só que você apague a metade superior.

— Apagar? Não estou entendendo nada!

— É, Mandinha. Apagar com a borracha mesmo. Tá vendo essa linha horizontal dividindo a expressão bem ao meio? Então, pegue a borracha e apague a parte de cima. Isso vai revelar o que sinto por você.

E Amanda fez o que ele pediu. Ao revelar o "I Love You" escondido, ela ficou surpresa. Virou-se para Carlos Frederico e o abraçou. Carlos Frederico retribuiu o abraço e lançou mais um desafio:

— Agora eu quero que você identifique os três elementos que eu mais amo nessa expressão. Uma dica: um deles tem a ver com o seu nome.

— Três elementos? Meu nome? Peraí...

Amanda ficou pensativa.

— Descobri o primeiro! Tem a ver com a própria matemática, não é?

— Certinho.

Um tempo depois, ela encontrou o segundo elemento.

— O segundo tem a ver com a língua inglesa, que você tanto gosta de estudar, estou certa?

— Caramba, você me conhece mesmo! Acertou!

Mas o terceiro elemento estava difícil... Por mais que Amanda pensasse, nenhum palpite vinha à mente. E ela pensou, pensou, pensou... Vários minutos se passaram, e a professora Sophia chegou para começar a aula.

— Não consigo adivinhar como isso tem a ver com o meu nome, Fred.

— Ora, Mandinha... É muito simples! Repare que o símbolo de raiz quadrada é a letra V, que parece um A ao contrário. A de Amanda.

— Nossa, você viajou longe nessa, hein!

Os dois riram tão alto que chamou a atenção de Sophia assim que ela sentou-se para dar início à aula.

— O que é tão engraçado, seu Carlos Frederico e dona Amanda?

— Nada, professora... É que o Fred estava me dizendo que o V da raiz quadrada parece uma letra A ao contrário.

— Oi? V da raiz quadrada?

— É, professora. O símbolo da raiz quadrada não é uma letra V?

— Não! Na verdade, é uma letra R.

Amanda e Carlos Frederico arregalaram os olhos, surpresos, com a revelação de que o símbolo $\sqrt{}$ era, na verdade, uma letra R. Carlos Frederico não perdeu tempo:

Rafael Procopio ‹ **135**

— Mas, professora…, que R mais estranho! Explica pra gente, por favor, de onde surgiu esse símbolo da raiz quadrada.

E Sophia aproveitou o gancho dado por Carlos Frederico e Amanda para falar um pouco sobre a história da matemática e de quando os gregos precisavam calcular os lados de um quadrado a partir do valor da área.

— Imaginem que naquela época não tinha essa simbologia toda que temos hoje em dia…

— E como eles faziam, então, professora? — perguntou Carlos Frederico.

— Ora, muitas vezes era preciso escrever o que seria calculado. Tomando como referência o latim, que era a língua difundida nos territórios dominados pelo Império Romano, quando alguém queria calcular o lado de um quadrado cuja área valia 9, escrevia-se o seguinte: "*radix quadratum 9 aequalis 3*".

— Para tudo, professora! Calma aí… *latim*? Hoje em dia é o inglês a língua universal — observou Amanda.

— Sim, Amanda. Hoje em dia, pois os Estados Unidos se tornaram a principal potência econômica e cultural do mundo ocidental. Mas no passado muitos territórios usavam o latim, inclusive dele se originaram vários outros idiomas, como o italiano, o espanhol e até o nosso português.

— Que interessante, professora… Mas o que tem a ver o lado de um quadrado com a "*radix quadratum*"? Não entendi isso — disse Carlos Frederico.

E Sophia explicou que a palavra *radix* foi traduzida de maneira equivocada do latim para outros idiomas. Na realidade, significa lado, e não raiz. Então *radix quadratum* seria o "lado do quadrado", e não "raiz quadrada". Com o passar do tempo, a expressão foi se simplificando até que sobrou "r9 ae 3", pois assim se poupava tempo de escrita. Sophia continuou:

— Até que chegou um momento em que aquele *r* "engoliu" o 9 e ficamos com o que conhecemos hoje:

$$\sqrt{9} = 3$$

136 ❯ *Sou péssimo em matemática*

Carlos Frederico e Amanda acharam fabulosa a história da simbologia da raiz quadrada. O menino decidiu, então, homenagear Sophia e também lhe apresentou a mesma declaração de amor que mostrara para Amanda, obviamente com o consentimento da menina.

— Mandinha, posso dedicar o "I Love You" para a professora? Ela é fera, e foi incrível na explicação da história do símbolo da raiz quadrada, além de todas as outras coisas que aprendemos com ela. Eu não fazia ideia dessa parada da raiz quadrada, muito maneiro!

— Claro, Fred. Eu também *amei* saber disso, assim como também amo a nossa professora. Acho que ela vai gostar.

Sophia recebeu as mesmas instruções de Carlos Frederico e apagou a parte superior da expressão $128\sqrt{e980}$. Ela ficou surpresa com a declaração de amor vinda dos dois alunos e guardou o papel com todo carinho em sua pasta.

— Eu amo vocês também, meus queridos. Vocês me tornam a cada dia uma professora melhor. Continuem assim.

SOBRE A RADICIAÇÃO

Da mesma forma que, ao calcularmos o quadrado de um número (expoente 2 numa potenciação), estamos calculando a área de um quadrado cujo lado corresponde a esse número, podemos também fazer o inverso: determinar o lado de um quadrado cuja área é conhecida. Ou seja, a operação inversa de elevar ao quadrado. Então, se a área de um quadrado é igual a 9, podemos calcular essa medida do lado buscando um número que, ao ser multiplicado por ele próprio, dê 9 como resultado. Nesse caso é muito fácil, muito simples, perceber que esse número é o 3.

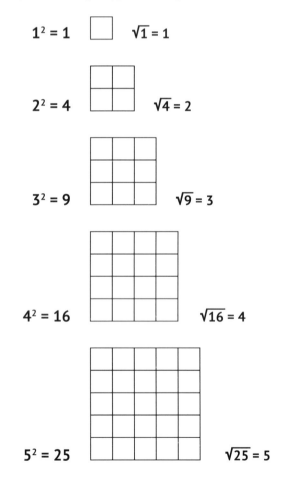

138 › *Sou péssimo em matemática*

Essa operação inversa da potenciação com expoente 2 (elevar um número ao quadrado, multiplicar um número por ele próprio) é a radiciação de índice 2, mais conhecida como *raiz quadrada*. Com esse nome sem sentido, muita gente não relaciona a raiz quadrada com o cálculo do lado de um quadrado cuja área já é conhecida. Mas, como Sophia explicou, essa *raiz* seria uma tradução equivocada da palavra latina *radix*, que significa, na realidade, "lado".

Agora perceba! É tranquilo entender que, se temos um quadrado cuja área é igual a 9, o lado desse quadrado será 3, já que $3 \times 3 = 3^2 = 9$. Existe uma simbologia matemática para representar esse cálculo:

$$\sqrt{9} = 3$$

Mas aí alguns poderiam perguntar: "Beleza, Procopio... Entendo que $3^2 = 9$. Só que $(-3)^2$ também é igual a 9. Eu poderia considerar que $\sqrt{9} = -3$ também?".

Geometricamente falando, essa pergunta não faz sentido, pois não existe um quadrado cujo lado seja uma medida negativa. Não existe um quadrado de lado igual a -3. Mas no mundo da aritmética, sem o contexto geométrico, a pergunta faz sentido. Tem muita gente boa por aí que escreve:

$$\sqrt{9} = \pm 3$$

Isso está *errado*! A definição do cálculo da raiz quadrada de um número é a seguinte:

$$\sqrt{x^2} = |x|$$

Aí você pensa: "Caraca, Procopio... Já começou a trocar números por letras... Eu fiquei confuso!". Calma... Vou explicar. É muito fácil, muito simples de entender. O que essa simbologia toda diz é que o resultado da raiz quadrada é um valor absoluto. O que isso significa? Que o resultado será sempre um número não negativo.

Um erro muito frequente é, por exemplo, o do seguinte problema:

Quanto é $\sqrt{(-3)^2}$? Será que é 3 ou –3?

Muita gente resolve simplificando o quadrado com a raiz quadrada, por serem operações inversas. Até aí tudo bem. Porém, na resposta colocam –3. E isso está *errado*. A resposta será | -3 | (módulo de –3 ou valor absoluto de –3), que é igual a 3.

Logo, $\sqrt{(-3)^2} = |-3| = 3$. É somente 3. Não há possibilidade de ser –3.

Cuidado para não se confundir com a resolução de uma equação do segundo grau, que se estuda no ensino médio. Lá nós aprendemos que, se $x^2 = 9$, então $x = \pm \sqrt{9} = \pm 3$. Nesse caso, como queremos saber os possíveis valores que a incógnita x pode assumir, consideramos todos os resultados possíveis. Queremos saber quais são os números que, quando elevados ao quadrado, resultam 9. E aí pode ser tanto o +3 como o –3. O x pode assumir ambos os valores. Também na famosa fórmula de Bhaskara encontramos as duas possibilidades no cálculo da raiz quadrada. Observe:

$$x = \frac{-b \pm \sqrt{b^2 - 4ac}}{2a}$$

Novamente, na fórmula de Bhaskara (um nome mais apropriado poderia ser fórmula quadrática), queremos calcular também o valor de uma incógnita. Por isso, a raiz quadrada admite os valores positivo e negativo.

A partir de agora, você não vai se deixar enganar e não vai cometer esses erros comuns, tanto de dizer que $\sqrt{9} = {}^{\pm}3$ como de dizer que $\sqrt{(-3)^2} = -3$. Ambas as formas estão *erradas*. O correto é: $\sqrt{9} = 3$ e $\sqrt{(-3)^2} = |-3| = 3$. Lembre-se sempre:

$$\sqrt{x^2} = |x|$$

SÓ EXISTE RAIZ QUADRADA?

Tenhamos em mente que a raiz quadrada é apenas um tipo específico de radiciação, com índice igual a 2. Há outros índices e podemos calcular a raiz cúbica (índice 3), a raiz quarta (índice 4), a raiz quinta (índice 5) e assim por diante.

De forma geral, podemos identificar cada termo de uma radiciação da seguinte forma:

$$\text{índice} \leftarrow {}^{n}\!\sqrt{a} = x \rightarrow \text{raiz}$$

radical

radicando

Repare que o símbolo da raiz quadrada não tem, em nenhum lugar, o número 2 (que indica o índice da raiz). Do 3 em diante precisamos escrever, mas o índice 2 não é necessário. Ele fica lá, subentendido.

Vejamos agora algumas propriedades da radiciação que podem facilitar os cálculos.

PROPRIEDADE 1: EXPOENTES FRACIONÁRIOS

$$P_1)\ \sqrt[n]{a^m} = a^{m/n}$$

Podemos transformar facilmente uma radiciação numa potenciação com expoente fracionário. Repare que, do lado esquerdo da igualdade, temos uma radiciação com índice n e um radicando a elevado a um expoente m. Do lado direito da igualdade, temos uma potenciação com expoente fracionário, em que a base é a e o expoente é uma fração cujo numerador é o expoente do radicando m, e o denominador é o índice da raiz n.

Há uma forma de perceber isso de um jeito lúdico. Imagine que o sol está iluminando essa igualdade da propriedade 1. Dessa forma, repare que o índice da raiz n, do lado esquerdo, estaria exposto à luz solar, enquanto o expoente do radicando m está protegido, na sombra, porque está dentro do radical. Já do lado direito, a coisa se inverte. O m passa a estar exposto à luz solar, enquanto o n fica à sombra, protegido, debaixo do traço de fração.

Quem estava exposto ao sol vai para a sombra, e quem estava na sombra vai para o sol. Uma forma de não esquecer essa propriedade importante da radiciação.

Exemplo: $\sqrt[3]{5^6} = 5^{6/3} = 5^2 = 25$

PROPRIEDADE 2: PRODUTO DE RAÍZES DE MESMO ÍNDICE

$$P_2)\ \sqrt[n]{a} \times \sqrt[n]{b} = \sqrt[n]{a \times b}$$

Aqui nós temos a multiplicação de duas raízes de mesmo índice. Repare que basta multiplicar os radicandos e colocá-los sob o mesmo radical. Bem tranquilo de entender.

Exemplo: $\sqrt[5]{4} \times \sqrt[5]{8} = \sqrt[5]{4 \times 8} = \sqrt[5]{32} = \sqrt[5]{2^5} = 2$

PROPRIEDADE 3: DIVISÃO DE RAÍZES DE MESMO ÍNDICE

$$P_3)\ \frac{\sqrt[n]{a}}{\sqrt[n]{b}} = \sqrt[n]{\frac{a}{b}}$$

De forma semelhante à propriedade 2, aqui podemos colocar a divisão de dois radicais de mesmo índice sob um único radical, desde que $b \neq 0$, já que não podemos ter uma divisão por 0.

Exemplo: $\dfrac{\sqrt[3]{81}}{\sqrt[3]{3}} = \dfrac{\sqrt[3]{81}}{3} = \sqrt[3]{27} = \sqrt[3]{3^3} = 3$

PROPRIEDADE 4: RAIZ ELEVADA A UM EXPOENTE

$$P_4) \ \left(\sqrt[n]{a}\right)^m = \sqrt[n]{a^m}$$

Quando uma raiz está elevada a um expoente qualquer, basta elevar o radicando a esse expoente, de forma rápida, prática e simples.

Exemplo: $\left(\sqrt[3]{49}\right)^2 = \sqrt[3]{49^2} = \sqrt[3]{(7^2)^2} = \sqrt[3]{7^4} = \sqrt[3]{7 \times 7^3} = 7\sqrt[3]{7}$

PROPRIEDADE 5: RAIZ DE RAIZ

$$P_5) \ \sqrt[n]{\sqrt[m]{a}} = \sqrt[n \times m]{a}$$

Ao se deparar com duas raízes sucessivas, o procedimento é multiplicar os índices das raízes.

Exemplo: $\sqrt{\sqrt[3]{64}} = \sqrt[2 \times 3]{64} = \sqrt[6]{2^6} = 2$

PROPRIEDADE 6: MULTIPLICAÇÃO DO ÍNDICE DA RAIZ E DO EXPOENTE DO RADICANDO POR UMA CONSTANTE

$$P_6) \ \sqrt[n]{a^m} = \sqrt[n \times k]{a^{m \times k}}$$

Em algum momento, se for necessário multiplicar o índice da raiz por algum número, para que a igualdade se mantenha, deve-se multiplicar também o expoente do radicando pelo mesmo número.

Exemplo: $\sqrt[3]{2^2} = \sqrt[3 \times 4]{2^{2 \times 4}} = \sqrt[12]{2^8}$

Resolva muitos exercícios envolvendo as propriedades da radiciação para treinar bem e isso correr nas suas veias como se fosse seu próprio sangue. Busque livros didáticos para fazer os exercícios ou procure na internet por listas de questões, elas podem ajudar bastante.

TRUQUE DO ÚLTIMO ALGARISMO DO RADICANDO

A essa altura, talvez você esteja se perguntando se tem alguma forma de calcular a raiz quadrada de algum número de cabeça. Digo para você que, sim, há. Mas, de antemão, é necessário que você saiba que o resultado da raiz quadrada será, de fato, um número inteiro, aquele resultado exato e bonitinho.

Imagine que você esteja realizando uma prova onde há uma questão que demande calcular a raiz quadrada de algum número grande. Se for uma prova de múltipla escolha, com algumas opções de respostas, você bate o olho e vê que são números redondinhos e bonitinhos. Aí, sim, você pode usar a técnica mental que vou ensinar agora.

Agora perceba! Uma maneira de calcular, por exemplo, a raiz quadrada de 289 é buscar um número que, quando multiplicado por ele próprio, traga como resultado 289. Mas se você não faz ideia de que número seja esse, a tarefa pode se tornar árdua e chata. Porém pense comigo... Você está vendo que o número 289 termina com o algarismo 9. Isso já é uma dica incrível, pois o algarismo que fica nas unidades dá uma pista imensa.

Para realizar esse cálculo mental, é necessário que você saiba a tabuada dos dez primeiros números não nulos e observe com qual algarismo cada resposta termina. Repare:

$1 \times 1 = 1$ (termina em 1)
$2 \times 2 = 4$ (termina em 4)

144 › *Sou péssimo em matemática*

3 × 3 = 9 (termina em 9)

4 × 4 = 16 (termina em 6)

5 × 5 = 25 (termina em 5)

6 × 6 = 36 (termina em 6)

7 × 7 = 49 (termina em 9)

8 × 8 = 64 (termina em 4)

9 × 9 = 81 (termina em 1)

10 × 10 = 100 (termina em 0)

Verificando essas tabuadas mais básicas, estamos aptos a testar. Ora, como 289 termina em 9 e, além disso, é maior que 100 (que é 10 × 10) e menor que 400 (que é 20 × 20), já tenho a dica de que será um número entre 10 e 20 e que deve terminar ou em 3 ou em 7. Pode ser o 13 ou o 17. "Ai, Procopio, mas como eu vou saber qual é?" Ora... repare que 289 está muito mais próximo de 400 que de 100, ou seja, $\sqrt{289} = 17$. De fato, se você calcular 17 × 17, verá que o resultado é 289. Já 13 × 13 é igual a 169.

Legal, não é? Treine seu cérebro para fazer essas estimativas porque elas são muito úteis para agilizar as contas.

Quando você estiver dominando com segurança as operações básicas da aritmética que apresentei neste livro, se tiver interesse, pode acessar meu canal no YouTube, o Matemática Rio, e lá, pesquisando por "truques de raiz quadrada", encontrar outros truques mais elaborados para calcular a raiz quadrada de números grandes. Um deles até ajuda a aproximar o valor de uma raiz quadrada não exata.

ERROS COMUNS

Alguns erros são recorrentes ao calcular a raiz quadrada de um número. Por exemplo, em casos de raiz quadrada de um número decimal. Tente descobrir (sem o auxílio da calculadora, apenas num exercício mental) o valor de $\sqrt{0,36}$. Será que é 0,06? O que você acha? E quanto a $\sqrt{0,0144}$? Encontrou 0,012 como resultado?

Rafael Procopio ‹ **145**

Bem, se você fez certinho, a resposta não deu nem 0,06 para a primeira, nem 0,012 para a segunda. Para resolver esse tipo de raiz quadrada, é recomendável transformar o radicando numa fração. Como os números decimais em questão são finitos, o denominador da fração será sempre uma potência de base 10 (capítulo 1), com a quantidade de zeros igual ao número de casas decimais. Você vai entender no exemplo seguinte:

Para calcular $\sqrt{0,36}$, vamos escrever 0,36 na forma fracionária. Ora, a leitura do número 0,36 é "trinta e seis centésimos". Além disso, perceba que ele é um decimal finito com duas casas decimais. Isso já me deixa confiante para colocar o denominador 100 na fração, pois 100 é a potência de 10 que tem dois zeros. De fato, 0,36 = 36/100. Agora basta fazer

$$\sqrt{0,36} \times \sqrt{\frac{36}{100}} = \frac{\sqrt{36}}{\sqrt{100}} = \frac{6}{10}$$

Repare, deu seis décimos. E seis décimos é a mesma coisa que o decimal 0,6. Com efeito, se você usar a calculadora (ou lápis e papel também) para calcular $0,6^2$, vai encontrar 0,36 como resposta.

A mesma coisa acontece com $\sqrt{0,0144}$. Transformando em fração, percebemos que 0,0144 tem quatro casas decimais. Logo, o denominador da sua forma fracionária será uma potência de 10 com quatro zeros: 10000. De fato, 0,0144 = 144/10000. Agora basta calcular:

$$\sqrt{0,0144} = \sqrt{\frac{144}{10\,000}} = \frac{\sqrt{144}}{\sqrt{10\,000}} = \frac{12}{100}$$

Veja que a resposta deu doze centésimos, ou 0,12. E, novamente, se calcular quanto é $0,12^2$, verá que o resultado é 0,0144. E agora você não cometerá mais esses erros comuns, não é mesmo?

Um desafio que sempre deixa a galera desconsertada é aquele em que eu relaciono a raiz quadrada com uma porcentagem. É

146 ❯ *Sou péssimo em matemática*

um festival de erros. Pense bem rápido: quanto você acha que dá $\sqrt{81\%}$? Fez rápido aí de cabeça? Encontrou como resposta 9%? Se calculou 9%, você... Errou! "Ué, como assim, Procopio? A raiz quadrada de 81 não é 9?". Sim, é claro que é. Porém ali eu não tenho 81, mas sim 81%. Precisamos transformar 81% numa fração centesimal e calcular, como fizemos nos exemplos anteriores. Logo:

$$\sqrt{81\%} = \sqrt{\frac{81}{100}} = \frac{9}{10}$$

Agora perceba! A raiz quadrada de 81% é 9/10 ou 0,9 (nove décimos). Temos que tomar muito cuidado com essas raízes para não tomarmos uma rasteira!

APLICAÇÃO NO QUADRADO E NO CUBO

Podemos usar a raiz quadrada, como dissemos no início deste capítulo, para calcular a medida dos lados de um quadrado cuja área é conhecida. Como vimos também, e você vai se lembrar, a própria palavra "raiz quadrada" tem origem em *radix quadratum*" (o lado de um quadrado).

Novamente, peço que você se atente caso a área do quadrado em questão seja um número decimal, para não bobear e errar uma questão que pode ser fácil.

Se numa questão mostrassem um quadrado de área igual a 2,89 m^2 e pedissem para você calcular rapidamente o perímetro (contorno) desse quadrado, o que você faria? Isso aí! Agora você já sabe que basta calcular a raiz quadrada da área do quadrado para determinar a medida dos lados. Depois, somar os quatro lados para obter o perímetro.

$$\sqrt{2,89} = \sqrt{\frac{289}{100}} = \frac{17}{10}$$

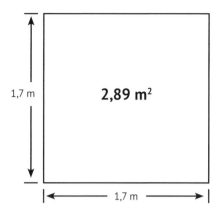

Veja que deu 17/10, que é a mesma coisa que 1,7. Como a unidade de medida da área está em metros quadrados, logo, temos que o lado do quadrado em questão mede 1,7 metro.

"Beleza, já entendi sobre a raiz quadrada, Procopio... E a raiz cúbica?" Ora, o nome já diz. A raiz quadrada se refere ao lado do quadrado; a raiz cúbica calcula as arestas de um cubo do qual se sabe o volume.

Agora perceba! O quadrado é uma figura bidimensional, tem largura e altura, por isso o índice 2 da raiz quadrada. Já o cubo é uma figura tridimensional, tem largura, altura e profundidade. Daí vem o índice 3 da raiz cúbica.

É tranquilo perceber, muito fácil, muito simples, que o volume de um cubo é obtido multiplicando-se as arestas, que são todas de mesma medida. Por exemplo, um cubo cujo volume é 125 cm³. Qual é a medida de suas arestas?

Com as dicas do Procopio, você provavelmente está achando tranquilo resolver isso. E realmente é. Basta extrair a raiz cúbica do volume e pronto.

$$\sqrt[3]{125} = \sqrt[3]{5^3} = 5$$

Como a unidade de medida que está sendo utilizada é o centímetro cúbico, temos que as arestas do cubo são iguais a 5 cm³. Muito fácil, muito simples. É ou não é?

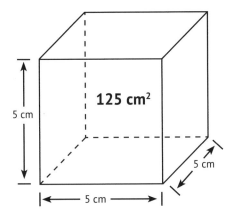

Há diversas outras aplicações para o cálculo da raiz quadrada dentro e fora da matemática. Vale a pena se aprofundar e pesquisar. Dou a dica, por exemplo, da média geométrica. Normalmente, nos acostumamos a nos referir à média de alguma coisa como a média aritmética, mas existe também, por exemplo, a média geométrica, que faz uso da radiciação no seu cálculo. Deixo aqui para você pesquisar e se aprofundar mais.

Que tal um último desafio, do Enem 2012, para praticar um pouco mais?

DESAFIO

Dentre outros objetos de pesquisa, a alometria estuda a relação entre medidas de diferentes partes do corpo humano. Por exemplo, segundo a alometria, a área A da superfície corporal de uma pessoa relaciona-se com a sua massa m pela fórmula $A = k \times m^{2/3}$, em que k é uma constante positiva.

Se no período que vai da infância até a maioridade de um indivíduo sua massa é multiplicada por 8, por quanto será multiplicada a área da superfície corporal?

A) $\sqrt[3]{16}$.   B) 4.   C) $\sqrt{24}$.   D) 8.   E) 64.

Resposta: **(B)**.
A explicação está disponível no vídeo Enem 2012 Matemática #33.

Rafael Procopio ‹ **149**

ANOTAÇÕES DO CAPÍTULO 7:

150 › *Sou péssimo em matemática*

Rafael Procopio ‹ **151**

AGORA É COM VOCÊ!

Treinando tudo o que aprendemos nesta obra introdutória à aritmética, você pode começar a sua saga para se tornar fluente nesta linguagem incrível que é a matemática. Então, sugiro que você faça um exercício de humildade, arrume livros didáticos que você achou que nunca mais fosse precisar usar e comece a dissecá-los. Só passe para o próximo assunto quando realmente entender o anterior. Vá seguindo para livros com conteúdos mais avançados e estabeleça a mesma rotina.

A gente aprende matemática quando entende a teoria, as definições, as demonstrações e também quando exercita isso resolvendo muitos problemas. Os problemas são a razão de existir da matemática.

Desejo a você todo sucesso do mundo! Precisando de uma mãozinha em matemática, acesse o meu canal do YouTube: www.youtube.com/MatematicaRio. Tenho certeza de que você irá se encantar com o mundo da Rainha das Ciências!

E como sempre digo: você não está sozinho; estou sempre contigo. Até a próxima. Um grande abraço. Tchau, tchau!

Rafael Procopio

AGRADECIMENTOS

Para começar, agradeço ao povo egípcio, que, com a agricultura, auxiliada pela aritmética e a geometria, trouxe a civilização até aqui.

Agradeço também aos matemáticos gregos, que organizaram o conhecimento matemático e tornaram a Rainha das Ciências um campo rigoroso e lógico. A Pitágoras, Euclides, Eratóstenes, Arquimedes, Hipátia (a primeira mulher de que se tem notícia na história da matemática) e a diversos outros, meu muito obrigado!

Também guardo sentimento de gratidão pelo povo do Oriente Médio e da Índia, civilizações incríveis que nos forneceram ferramentas maravilhosas para lidar com os números e também com a álgebra.

Obrigado, Leonardo Fibonacci, por ter levado o sistema de numeração indo-arábico para a Europa e, consequentemente, para o mundo, tendo substituído o difícil sistema romano. Valeu mesmo! Aproveitando a deixa, quero agradecer aos matemáticos europeus por toda a contribuição ao conhecimento desse maravilhoso campo do saber: Gauss, Euler, Descartes, Pascal, Galois, Newton, Leibniz e várias outras sumidades da história da matemática.

Minha gratidão também a toda gente no mundo que, de alguma forma, ajuda a passar o conhecimento adiante. Aos professores brasileiros, portugueses, angolanos, moçambicanos e a todos os professores imbuídos do espírito de ensinar, meu respeito e admiração. Vocês fazem a diferença e transmitem o conhecimento para as novas gerações.

Um agradecimento todo especial a cada um dos quase 4 milhões de estudantes que buscam aprimorar seus conhecimentos matemáticos através das minhas aulas na internet. Este livro, e todo o restante, só existe por causa de vocês. Muito obrigado mesmo por sempre gostarem e compartilharem as aulas. Seguimos juntos nessa missão de levar educação matemática às pessoas que falam português.

Quero deixar meu muito obrigado ao prof. Laércio, do Colégio Tiradentes da Polícia Militar do Estado de Rondônia, por ter sido o primeiro a despertar minha curiosidade pela matemática, ainda no ensino fundamental. Já na faculdade, quero agradecer ao prof. José Antônio Novaes, por ter sido meu brilhante orientador na monografia de conclusão do curso de Licenciatura em Matemática pela Universidade Gama Filho e o primeiro a perceber a minha aptidão pela escrita, ao me dizer certa vez: "Procopio, você é um poeta da matemática"; após a conclusão da monografia, ganhei um prêmio da UGF pela melhor monografia do curso de matemática, com o tema "A arte dos mosaicos e o ensino de matemática". Na pós-graduação na UFRJ, tive professores maravilhosos. Em especial, agradeço à prof.ª Lúcia Tinoco, por toda a paixão por ensinar e mostrar novas maneiras de avaliar os alunos; e também ao prof. Victor Giraldo, por ter sido meu orientador no trabalho de conclusão, cujo tema foi "Crescimento exponencial".

E, sem dúvida, fica aqui registrada toda a minha gratidão aos meus pais, Adjair Procopio e Liliane Rodrigues, por sempre terem acreditado em mim e terem me fornecido condições para que eu desenvolvesse meu raciocínio. O apoio de vocês, meus pais, foi fundamental. À minha irmã, Patricia Procopio, que também sempre me apoiou em todos os momentos e me deu dois sobrinhos lindos que tanto amo.

E, como o melhor sempre fica para o final, quero deixar meu muito obrigado à minha esposa linda, que desde sempre esteve ao meu lado, ainda no início do meu canal no YouTube, e me ajudou como pôde em todas as situações. É por causa da Leticia Stephanny que a minha inspiração está sempre em dia e estou sempre pronto para compartilhar o conhecimento com o Brasil e o mundo. Obrigado por tudo. Eu te amo, minha vida.

Rafael Procopio

LEIA MAIS

Para quem gosta de aritmética e quer saber mais sobre truques, desafios e histórias interessantes

BATHIA, Dhaval. *Vedic mathematics made easy*. Mumbai: Jaico Publishing House, 2014.

BENJAMIN, Arthur; SHERMER, Michael. *Secrets of mental math*. Nova York: Three Rivers Press, 2006.

GOLDSMITH, Mike. *Do zero ao infinito (e além)*. São Paulo: Saraiva, 2016.

SAUTOY, Marcus du. *Os mistérios dos números*. Rio de Janeiro: Zahar, 2013.

STEWART, Ian. *Almanaque das curiosidades matemáticas*. Rio de Janeiro: Zahar, 2009.

_____. *Incríveis passatempos matemáticos*. Rio de Janeiro: Zahar, 2010.

TAHAN, Malba. *O homem que calculava*. Rio de Janeiro: Record, 2013.

_____. *Matemática divertida e curiosa*. Rio de Janeiro: Record, 2014.

Para quem quer se aprofundar na história da matemática, especialmente na história dos números e símbolos

BOYER, Carl B.; Merzbach, Uta C. *História da matemática*. São Paulo: Blucher, 2012.

CAJORI, Florian. *A history of mathematical notations*. Nova York: Dover, 2012.

EVES, Howard. *Introdução à história da matemática*. Campinas: Unicamp, 2004.

GARBI, Gilberto Geraldo. *A rainha das ciências*. São Paulo: Livraria da Física, 2006.

_____. *O romance das equações algébricas*. São Paulo: Livraria da Física, 2006.

IFRAH, Georges. *História universal dos algarismos*. Rio de Janeiro: Nova Fronteira, 1997.

MENNINGER, Karl. *Number words and number symbols*. Nova York: Dover, 2011.

ROQUE, Tatiana. *História da matemática*. Rio de Janeiro: Zahar, 2012.

Rafael Procopio ‹ **157**

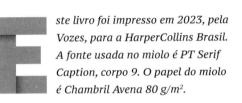*ste livro foi impresso em 2023, pela Vozes, para a HarperCollins Brasil. A fonte usada no miolo é PT Serif Caption, corpo 9. O papel do miolo é Chambril Avena 80 g/m².*